物候之思
节令之美

特级教师讲读二十四节气

李秀梅 著

中国文史出版社

目录

序　言

罗振亚

　　"春雨惊春清谷天，夏满芒夏暑相连，秋处露秋寒霜降，冬雪雪冬小大寒"，这个看似平淡无奇的季节"时钟"表里，凝聚着传统文化的无限智慧，其对时令、气候变化规律的内在把握，节气时序与生产生活、民俗文化关联的对应揭示，人和自然和谐共处的深层状态的精准彰显，已经自成一套中华民族特有的时间认知体系，令人叹服。所以自古以来，有关二十四节气的民谣、文章与书籍多在世间口耳相传或广为流布，始终引导、影响着人们的生活。

　　2016年"二十四节气"在联合国申遗成功，被誉为中国四大发明之外的"第五大发明"，更引发了无数人对它的浓厚兴趣，渴望着能够以不同的方式与二十四节气方面的文字遇合，以满足灵魂深处的精神需求。放眼当下有关二十四节气的著述，基本上走的是介绍节气的由来、特点、习俗以及如何养生的科普知识型路线。如果李秀梅君与众多著述者同声相应，在《物候之思，节令之美》中承袭、强化推介二十四节气的功能，破译先民的阴阳五行、天干地支、四季变化等文化密码，展现厚重的文化底蕴和神奇趣味，虽仍然不失为一种价值选择，但是魅力将大打折扣。难得的是她能够突破固有的模式，独辟蹊径，在以简隽的笔触梳理勾勒，保持知识型模式功能的基础上，更注意发挥自身所学专业的优势，以节气为机缘点，或描绘家乡及旅游途中所见的美丽景色，或叙述作者当下的心境，或讲述好友之间的故事，或歌颂弦歌雅意之地的有声阅读带来的美好生活，进而漫话与该节气相关的人生道理，涉猎广泛，不拘一格；尤其在科学性与文学性的结合上下功夫，使该书获得了不同寻常的样态和意义。

首先是书中融入了真挚的情感。作者避开了机械笼统的介绍，在节气常识普及的过程中，表现由节令景象引发的感受或思考，托物言志，借景抒怀，做到了内心情绪与二十四节气的融合，自然天成，顺理成章。如《小雪：你好》由北国的雪花飘飘，引出自然节气的小雪，继而透露小时候背诵节气歌时将"小雪"想象为晶莹别透、洁白无瑕的女孩的秘密，再联想到已调入北京的朋友"小雪"以及自己与之交往的细节，传递出"师徒"间深厚纯洁的情谊。欣赏、珍惜的情绪渗透，升华了文章的境界，洞悉了心中有牵挂、温情与美好的记忆，人间便会温暖。雪与人互渗，泾渭难辨，对人生构成了一种清亮、洁净与温馨的象喻与启示。

其次是突出了个人化的视野与情趣，创造性显豁。既遵循自然节气介绍的真实，又能不为自然节气的介绍束缚，每个节气都以自觉的现代意识，做到对自然和生命的独特理解、感悟，给人耳目一新之感。如《立春：新的轮回开始了》，不仅解释了立春的含义，还介绍了在立春之日即将到来之时，古人的四个特别的庆祝仪式，最后表达了自己对立春这个节气的体会和看法，并阐述"立春亦如立人生"的道理，发人深思。《秋分：收获的时节》兼及庄稼地里的收获、挂满枝头的果实和灵魂深处的丰盈、经历风雨的人生感悟，以"晴空一鹤排云上，便引诗情到碧霄"之美的秋天的歌颂，一扫古人的悲秋情绪。

再次是注重可读性，达成了科学与美的统一。书命名为"美丽的时间"十分恰切，"时间"维度是节气知识系统科学的讲解与描述，"美丽"则是表达维度的个性指向。它不仅将古典诗词中的诗句适时引入，画龙点睛，含蓄凝练，寓意深邃，而且语言上力求美的效果，二十四节气即是二十四篇美文。像《立夏：冰城处处丁香花》大胆将地域元素植入，从哈尔滨的市花丁香想到李璟的《摊破浣溪沙》、戴望舒的《雨巷》，一改凄婉的情调，使之成为哈尔滨精神的写照——"聚小朵而成大气，抗艰难而争上游"，坚韧顽强，阳光向上，的确达成了真与美、严谨与自由的完美嵌合。书中每篇作品大量引述的古诗文句，无疑给人以一种厚重的文化感，当然这是以作者丰富深邃的文学、文化修养底蕴作为支撑的。

值得一提的是，该书不仅是美和科学、智慧的遇合，而且每篇文章均由作者细腻、沉稳又充满激情的诵读配合，犹如给美文插上了飞翔的翅膀，美时、美文和美声三位一体，让人得到了视觉和听觉上的立体多维享受。对应着二十四节气，推送出的是二十四道催人神往的精神盛宴。

李秀梅君和我先后都毕业于哈尔滨师范大学中文系，秀梅师姐在全国重点中学哈尔滨市第三中学供职多年，是优秀的特级语文教师，我则从哈尔滨师范大学调入了南开大学工作。作为师弟，我为师姐著作的即将付梓由衷祝贺，并相信它定会受到读者们的欢迎和认可。此刻，在天津略感燥热的天气里，我倒惦念起哈尔滨的凉爽了。

2023 年 5 月 7 日于天津阳光 100 寓所

立春

初候　东风解冻
二候　蛰虫始振
三候　鱼陟负冰

立春：新的轮回开始了

"立春"是一年中二十四个节气的第一个节气，是汉族民间重要的传统节日之一。"立"是"开始"的意思，从秦代以来，就一直以立春作为春季的开始。立春是从天文上来划分的，春是温暖，鸟语花香；春是生长，耕耘播种。

"一年之计在于春"，在古代立春日前后几天，都要举

行一些重大的庆典活动，如拜神祭祖、纳福祈年、驱灾禳疫、除旧布新、迎春农耕等等，这些民俗有的也一直保留到今天。

在古代，立春时还有几个特别的仪式：

报春。立春前日，有两名艺人顶冠饰带，扮成春官。他们沿街高喊："春来了。"一个人敲锣打鼓，唱着迎春的赞词，另一个人挨家挨户送上一张春牛图或者是迎春的红纸帖子。这帖子上，印有一年二十四个节气和人牵着牛耕地的图案，人们称其为"春帖子"。无论何等人士，见到春官都要作揖行礼。

迎春。人们事先在春牛房里用泥土塑造出春牛，在牛肚子里装满五谷杂粮。立春前一天，府官率领百姓到春场将春牛和句芒神（句芒是中国古代神话中的春神，主管树木的发芽生长）抬回府衙门，叫作迎春。

打春。立春日人们再把春牛抬到皇宫里请皇帝观看，叫作进春。进春仪式后，春牛被抬出来游街，任人们鞭打，以象征春耕即将开始，这就叫打春。泥土塑造的春牛被打破后，肚子里的五谷杂粮撒满地，这象征着五谷丰登。"泥牛鞭散六街尘，生菜挑来叶叶春。从此雪消风自软，梅花合让柳条新。"

咬春。就是吃春饼，也有的地儿吃炸春卷、啃萝卜，因为立春时节的北方往往还看不到什么绿色的春意，人们便发明了春饼。春饼卷上青菜，一口咬下去，五颜六色的青菜露出来，寓意着讨了个好彩头：留住春天里的生机和

美好。

立春反映着新的一个轮回已经开始，也预示着一年农事活动的开始，这些习俗代表了人们在春天里播种希望，畅想未来。"东风吹散梅梢雪，一夜挽回天下春。从此阳春应有脚，百花富贵草精神。"立春之日，在太阳升起的那一刻，人们就做好迎接春天的准备，不躺在家里，到外面走动走动，感受春的气息。

立春亦如立人生，无论是正在读书的青少年，还是成家立业的中年人，抑或是沐浴夕阳余晖的老年人，立春之日，都是自己人生的春天之时，都要不断地充实自己。是学生，就刻苦学习，腹有诗书，就要像长空的雄鹰那样，全力搏击，最终化身为飞翔的精灵；是中年人，就努力工作，勇于担当，好好生活，就要像一匹飞奔的骏马，乘风破浪，勇往直前；是老年人，就强身健体，安度晚年，回顾过往，就犹如回顾一部历史剧，慢慢品味，将成功与教训，都留给后人做生活的参考。

春争日，夏争时，一年大事不宜迟。好好地把握、拥有立春后的每一天，好好地珍惜大好时光，播撒种子，种下希望，以饱满的热情、充沛的精力成就一个更好的自己。

我爱立春，我也爱把生活中的点滴温暖拿来，传递给送我温暖、助我前行的人，传递给与我同情共趣、乐于奉献的人，传递给如我一样热爱生活的人。我们共同努力装扮暖暖的春意世界吧！

（写作于 2021 年 1 月 25 日，修改于 2023 年 1 月 27 日）

立 春

唐·杜甫

春日春盘细生菜，忽忆两京梅发时。
盘出高门行白玉，菜传纤手送青丝。
巫峡寒江那对眼，杜陵远客不胜悲。
此身未知归定处，呼儿觅纸一题诗。

咏廿四气诗·立春正月节

唐·元稹

春冬移律吕，天地换星霜。
冰泮游鱼跃，和风待柳芳。
早梅迎雨水，残雪怯朝阳。
万物含新意，同欢圣日长。

立春偶成

宋·张栻

律回岁晚冰霜少，春到人间草木知。
便觉眼前生意满，东风吹水绿参差。

立 春

宋·白玉蟾

东风吹散梅梢雪，一夜挽回天下春。
从此阳春应有脚，百花富贵草精神。

立 春

宋·王镃

泥牛鞭散六街尘，生菜挑来叶叶春。
从此雪消风自软，梅花合让柳条新。

雨
水

初候　獭祭鱼
二候　候雁北
三候　草木萌动

雨水：新的希望

一夜微风，唤醒正月最后一日的晨曦，也吹来了春季的第二个节气——雨水。如果说立春时节是新的一年春意的刚刚萌发，那么雨水时节，就是春回大地时带来的希望。

《月令七十二候集解》中说："正月中，天一生水。春始属木，然生木者必水也，故立春后继之雨水。且东风既解冻，则散而为雨矣。"此时的天气，东风化雨，滋润大地，万物萌动，鸿雁北翔。大自然的画笔，开始涂抹早春的样子，编织绚丽多彩的景象。

在经历了冬天太多的郁闷和压抑后，人们都在翘首企盼春的惠风拂面，企盼春的雨水滋润，感受春天那年轻的心跳，来驱走寒风残雪在记忆的底片上留下的沧桑。

雨水，是天空与大地沟连的一种方式，一种充满诗意的方式。我喜欢看闪着光泽、连绵不断的雨丝，看她们柔歌曼舞从天而降的样子；也喜欢那种看不见却又能感觉得到的润润的霡雨，在霡雨中漫步，那将会是什么样的感觉呢？我一直在想象。

11

恰好，雨水节气前夕，我与好友相约，从天南地北来到了春雨蒙蒙、春花鲜艳、春草嫩绿、春色渐浓的厦门。漫步在鼓浪屿幽静的闪着光亮的小道上，耳边不时传来钢琴演奏的名曲和浪涛拍打崖岸的声响，哼唱着"鼓浪屿四周海茫茫，海水鼓起波浪"，心情懒洋洋地也在歌唱。"天街小雨润如酥"，蒙蒙的霡雨温润润清爽爽地罩在脸上，伸出手承接这玉液琼浆，真个有酥酥的感觉，那种舒爽又有情调的惬意感终于落到了我自己的身上。

"好雨知时节，当春乃发生。随风潜入夜，润物细无声。"霡雨滋润着岛屿上的万物，悄然改变着她的颜色，描绘着一幅水墨丹青。湿气连山，却不觉阴暗，山花与翠竹布满街路。烟雨迷蒙中，日光岩忽隐忽现，若有若无。走入山岩门处，"鼓浪洞天""鹭江第一""闽海雄风"等石

刻清晰可见。当步入"曲径通幽"处时，见到的是日光岩独有的景观，一片静谧安详，引人入胜。我忘情地站在那里，虽然衣服有了潮湿的感觉，可我心里却异常兴奋，享受着这份难得的清凉和舒畅。

"矮纸斜行闲作草，晴窗细乳戏分茶。"吃过下午茶，夜晚住在鼓浪屿的民宿里。躺在床上，听雨滴落到房檐的弱弱的叮咚声，享受着大自然的小夜曲。伴随这滋润、清雅、时有时无的天籁之音，我慢慢进入了梦乡……初春的雨水，完全不同于急骤的夏雨、萧瑟的秋雨，她富有初春的韵味，过滤了脑海中的杂念，带走了曾经的病痛，赐予了心中勃发的律动，让我以生命全新的形态与心理，去实现新的轮回中那种种的愿望。

我突然领悟，这雨水节气，好像故意要给人们带来一个天大的希望：让温润代替寒冷，让潮湿取代干燥，让萌动换走蛰伏。生命就是这样，以最简单、最自然的方式在繁衍、传承、轮回着。有了春意萌生，就有了舒展的生命，就有了开花的渴望，就有了美妙的歌声！

雨水让田野充满希望，也让人们的心灵变得朗润而葱茏。"天将化雨舒清景，萌动生机待绿田。"雨水时节，开垦一方鲜嫩的心田，植下一片希望的种子，收获一缕成长的愿望。满载希望，走出家门，走向大自然，去感受初春的诗意。愿我们因雨水的清洗而成为明净的人，在这个美丽的日子里肆意生长，在阳光雨露中活成最美的模样！

（写作于 2023 年 2 月 13 日）

春夜喜雨

唐·杜甫

好雨知时节，当春乃发生。
随风潜入夜，润物细无声。
野径云俱黑，江船火独明。
晓看红湿处，花重锦官城。

早春呈水部张十八员外

唐·韩愈

天街小雨润如酥，草色遥看近却无。
最是一年春好处，绝胜烟柳满皇都。

咏廿四气诗·雨水正月中

唐·元稹

雨水洗春容，平田已见龙。
祭鱼盈浦屿，归雁过山峰。
云色轻还重，风光淡又浓。
向春入二月，花色影重重。

临安春雨初霁

宋·陆游

世味年来薄似纱，谁令骑马客京华。
小楼一夜听春雨，深巷明朝卖杏花。
矮纸斜行闲作草，晴窗细乳戏分茶。
素衣莫起风尘叹，犹及清明可到家。

雨　水

宋·刘辰翁

殆尽冬寒柳罩烟，熏风瑞气满山川。
天将化雨舒清景，萌动生机待绿田。

惊

蛰

初候　桃始华
二候　仓庚鸣
三候　鹰化为鸠

惊蛰：起舞

身居南方，一直在冬天享受着热带海洋性气候——少雨而温润。早上被叽叽喳喳的鸟鸣声唤醒，推开小窗，发现下雨了，是少有的蒙蒙的雨！雨洗过后，满眼都是青翠浓艳的颜色。这让我想起了韦应物的《观田家》诗来："微雨众卉新，一雷惊蛰始。田家几日闲，耕种从此起。"这天气，还真应了惊蛰的节气呢！

惊蛰的"惊"是惊动、惊醒的意思，"蛰"是藏的意思。惊蛰时节，大地回春，气温变暖，春雷乍动，惊醒了蛰伏于地下冬眠的各种昆虫，它们开始活动起来。此时的天气，雨水增多，气温回升，万物生长。

细品"惊蛰"二字，我的眼前便出现了一幅幅神奇而生动的画面：春天，就像一位二八女郎，步履轻盈地来到我们的身边，明眸善睐，左顾右盼，多姿多彩。《诗经》有言："桃之夭夭，灼灼其华。"陶渊明也说："仲春遘时雨，始雷发东隅。众蛰各潜骇，草木纵横舒。翩翩新来燕，双双入我庐。"春天里最鲜活的生命，最美丽的故事，在大自

然里一一展开。一时间，大地染满了绿，整个世界便随之清醒而活跃起来。地里的小草，钻出来了，树上的花苞，用力地咧开了小嘴，桃花红，梨花白，装点着美丽的春天。蜜蜂嘤嘤嗡嗡，不停地唱着歌，燕子呢喃，你叫我应，一齐飞翔，在蓝天下画出一幅幅美丽的剪影。蛰伏了一冬的小虫，睡眼惺忪地从地里爬出来，新奇地看着眼前的一切。顺着惊蛰的呼唤，一切生灵都会萌动起来，就连思绪也都是新鲜嫩绿，在阳光下闪着亮光呢。一个"惊"字，真能让人感到惊喜。

惊蛰不仅惊醒了植物和动物，也惊醒了人们。经历过冬天的严寒，勤劳的人们出现在春天里，把春打扮得生机勃勃。公园里这边是晨练舞蹈队，他们满面笑容，随着音乐的节拍扭动着身子，拍拍双手踢踢腿，舒活舒活筋骨，抖擞抖擞精神，让自己身体健壮，多多享受好时光；那边是长跑爱好者，瞧，那小伙子跑着跑着，还突地一跳，去触摸树上的嫩芽。花丛中，还有位诗人轻轻地朗诵着："我呼唤春天，用我跳动的心期待新的唱响……"嗯，他在传递着好诗文好声音呢。马路上，多了流动的车辆，人们都在抓紧时间创造更多的财富。教室里，莘莘学子书声琅琅，他们在做着滋养一生的知识储备。街上的女孩都打扮得花枝招展、漂漂亮亮，她们的美丽，让整个世界更加绚烂。

我也约上小伙伴，来一次远游，深度感受南国的春天。走在乡间的小路上，听鸟儿的鸣叫，看白鹭在小池边飞翔。突然一股浓浓的香味扑鼻而来。寻香而行，便来到了一个果园。果园坐落在半山坡，一进果园，满眼都是翠绿，绿叶下藏着无数的芒果，青青绿绿的有，红绿相间的有。那边还有一棵棵波萝蜜树，一列列诺丽果树，一排排香蕉树，顿时让我感到眼力不足。天然温泉深藏在果园中，汩汩清泉带着热气涌入池塘。泡在池塘里，所有的疲惫与疾病全都烟消云散。来到朋友家品美食，喝香茶，痛快聊天，畅叙曾经在一起的欢乐美好的往事。说到尽兴处，美丽的姐姐翩翩起舞，那曼妙的舞姿，带动着小伙伴们不自觉地也舞动起来。心动，舞动，好好享受南国的春天！

春天里多的是笑容，多的是温暖。因为明媚的春光，点亮了心中热情的火焰。"每一个不曾起舞的日子，都是对生命的辜负。"年龄在增长，但心一定会在春天起舞。我们既是向上生长

的藤蔓，也是逆光飞舞的蝴蝶，最终也都会老去，也都会破茧成蝶。抛下昨天的疲惫，约好小伙伴一同迈着轻快的步伐走向大自然，与可爱的蜜蜂、翩跹的蝴蝶私语，与奔腾的江河、巍峨的高山交谈，继续孕育着新的梦想和希望，在春天一同起舞。

（写作于 2021 年 3 月 2 日，修改于 2023 年 2 月 28 日）

拟古·其三

晋·陶渊明

仲春遘时雨，始雷发东隅。
众蛰各潜骇，草木纵横舒。
翩翩新来燕，双双入我庐。
先巢故尚在，相将还旧居。
自从分别来，门庭日荒芜。
我心固匪石，君情定何如？

观田家

唐·韦应物

微雨众卉新，一雷惊蛰始。
田家几日闲，耕种从此起。
丁壮俱在野，场圃亦就理。
归来景常晏，饮犊西涧水。
饥劬不自苦，膏泽且为喜。
仓廪无宿储，徭役犹未已。
方惭不耕者，禄食出闾里。

咏廿四气诗·惊蛰二月节

唐·元稹

阳气初惊蛰，韶光大地周。

桃花开蜀锦，鹰老化春鸠。

时候争催迫，萌芽互矩修。

人间务生事，耕种满田畴。

春晴泛舟

宋·陆游

儿童莫笑是陈人，湖海春回发兴新。

雷动风行惊蛰户，天开地辟转鸿钧。

鳞鳞江色涨石黛，袅袅柳丝摇曲尘。

欲上兰亭却回棹，笑谈终觉愧清真。

惊蛰日雷

宋·仇远

坤宫半夜一声雷，蛰户花房晓已开。

野阔风高吹烛灭，电明雨急打窗来。

顿然草木精神别，自是寒暄气候催。

惟有石龟并木雁，守株不动任春回。

春

分

初候　玄鸟至
二候　雷乃发声
三候　始电

春分：品读自然与书卷

　　春分在二十四节气中排名第四，是我国古代最早被确定的节气之一。"春分"的"分"，是一半的意思，此时的天气，昼夜等长，寒暑平衡。由于春分正当春季三个月的中间，所以春分在古时又被称为"日中""日夜分"，是农耕的关键时节，春分一到，雨水明显增多。春分不仅是一个重要的节气，还是一年中最美丽最妖娆的节气。"雨霁风光，春分天气，千花百卉争明媚。"辽阔大地上，春和景明，惠风和畅，鸟儿鸣叫，草木舒张。此时的人们心情美好，充满阳光，有的是满满的活力、满满的希望。

　　在这样美好的春光中，一定要去品读大自然。春分前夕，好友相约一同去观赏木棉花开。我们驱车沿途欣赏美丽的风景，感受黎族文化的神秘与古老，体验黎家风土民情，享受放松有趣的黎民生活。蓝天辽阔，万里无云，一路上走栈道，听瀑布，看槟榔，赏木棉。

　　第一次近距离观赏木棉，我非常兴奋。木棉花的花瓣，厚实而温润，美丽而鲜艳。红花开放时，所有的绿叶都退而让步，让红花高高挺立在枝头，如万千支燃烧的烛火。

红焰朵朵，仿佛是在传播新的希望，释放生命的芳华来惊艳整个明媚的春天。"几树半天红似染，居人云是木棉花。"站在木棉树下，仰望这红硕的花朵，不禁高声朗诵：

> 我必须是你近旁的一株木棉，
> 作为树的形象和你站在一起。
> 根，紧握在地下；
> 叶，相触在云里。
> 每一阵风过，
> 我们都互相致意，
> 但没有人，
> 听懂我们的言语。

你有你的铜枝铁干，

像刀，像剑，

也像戟；

我有我红硕的花朵，

像沉重的叹息，

又像英勇的火炬。

——《致橡树》节选

当得知木棉花语是"珍惜你身边的人，珍惜你眼前的幸福"时，我用捡拾的落英，摆出"福"字，以留作永久的纪念。

春分时节，除了去大自然翩翩起舞，还可以邀来三五好友，一起品香茗，听雅乐，回忆干干净净的往昔岁月，让半生的尘世，在温暖的回忆中一帧帧翻阅，让扎头绳、跳皮筋的花季女孩儿们，放纸鸢、打篮球的奔跑少年们，在脑海中一一浮现。

闲暇独处时，再品读一本好书，也能让自己陶冶性情，提升格局，心意安暖，洒满春光。让学养加厚，心怀宽广，在困乏的季节，轻松愉悦，乐观向上。

走过岁月的几十载，读过的书在一点点增多，也渐渐感觉，往昔波澜迭起的时光，已成为过眼云烟。岁月留给自己的，是风尘暗、朱颜改。但在平淡的日子里，多读几本好书，赋予精神世界丰富的内容，生活一样是充实的、富有的。"若有诗书藏于心，岁月从不败美人。"展开书卷，得到的是从奔放浪漫到宁静温和的心思与情怀，是从言思

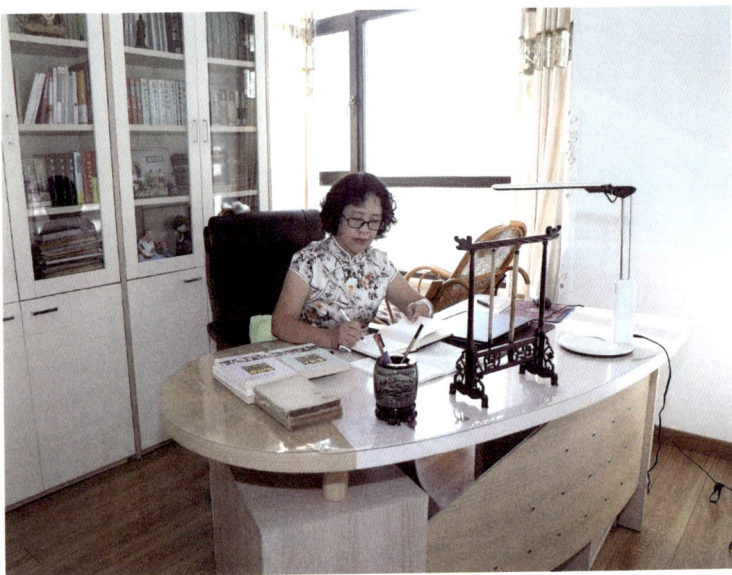

贫瘠到心灵丰厚的素养与性情。

书卷墨澜于眼前，读过了，可能"有些随风，有些入梦"，但长留心中的，注定是让我们读懂了爱，读懂了生活，更读懂了自己内心的好作品。品读那些或温婉或激昂的好诗文，就如同品咂一盏芳香四溢的茗饮，口留余香，韵味悠长。与好书卷相对，会被各具情态、各美其美的一个个人物、一处处风景所触动。继而品读人生，或悲伤或喜乐，就有了绵绵不断的感动，有了优雅脱俗的风情，让原本碧玉般的心灵，滋养得温润通透。

站在春分的陌上，沐浴着一身暖阳，任轻风拂面，春韵流淌。品读着自然，收获了美好的春光；品读着书卷，收获的是无形的财富。这些财富，将绵延无穷……

（写作于 2023 年 3 月 15 日）

咏廿四气诗·春分二月中

唐·元稹

二气莫交争，春分雨处行。
雨来看电影，云过听雷声。
山色连天碧，林花向日明。
梁间玄鸟语，欲似解人情。

春 分

五代·徐铉

春分雨脚落声微，柳岸斜风带客归。
时令北方偏向晚，可知早有绿腰肥。

踏莎行

宋·欧阳修

雨霁风光，春分天气，千花百卉争明媚。画梁新燕一
双双，玉笼鹦鹉愁孤睡。

薜荔依墙，莓苔满地，青楼几处歌声丽。蓦然旧事上
心来，无言敛皱眉山翠。

阮郎归

宋·欧阳修

南园春半踏青时，风和闻马嘶。青梅如豆柳如眉，日长蝴蝶飞。

花露重，草烟低，人家帘幕垂。秋千慵困解罗衣，画堂双燕归。

西江月·春半

宋·朱淑真

办取舞裙歌扇，赏春只怕春寒。卷帘无语对南山，已觉绿肥红浅。

去去惜花心懒，踏青闲步江干。恰如飞鸟倦知还，淡荡梨花深院。

清
明

初候　桐始华
二候　田鼠化为鴽
三候　虹始见

清明：祭祖·踏青

　　清明，既是二十四节气之一，也是传统的祭祖节日，它具有自然与人文两大内涵。这一时节，自然界生气旺盛，阴气衰退，万物吐故纳新，大地呈现春和景明的气象。

　　清明节与春节、端午节、中秋节并称为中国四大传统节日。2006 年 5 月 20 日，中华人民共和国文化部申报的清明节，经国务院批准列入第一批国家级非物质文化遗产名录。清明节的节俗丰富，是扫墓祭祖、缅怀先人的节日，也是远足踏青、亲近自然的节日。这两大主题在中国自古传承，至今不辍。

　　清明节，是中华民族最隆重盛大的祭祖大节，属于礼敬祖先、慎终追远的一种文化传统节日，也是教人学会感恩的节日。它凝聚着民族精神，传承了中华文明的祭祀文化，抒发人们尊祖敬宗、继志述事的道德情怀。人们都在用行动，共同传承着这个节日的厚重深远。"清明时节雨纷纷，路上行人欲断魂。"这一天，不论是祭奠为国捐躯的烈士，还是祭奠过世的长辈亲人，人们都怀揣一颗虔诚的心扫墓祭祀、顶礼膜拜，感恩烈士们付出生命换来今日的岁月静好，感恩祖先赋予我们生命的大恩大德。这不仅有利于弘扬爱国精神、孝道亲情，唤醒家族共同记忆，还可以促进民族、家族的凝聚力和认同感。追思先人纪念亡者，是为了继承优秀的民族传统文化和优良的家风礼仪，也使人们学会感恩那些在你生命中无私帮助你、默默支持你、为你付出、带给你快乐的人。

清明节也有踏青郊游、愉悦身心的主题。"花落草齐生，莺飞蝶双戏""胜日寻芳泗水滨，无边光景一时新"。古人在清明前后的文娱活动原本就是丰富多彩的：插柳、斗鸡、蹴鞠，不一而足，甚至还有许多举行户外野餐和相亲大会的呢。现代人的清明节，假期固然短暂，但也都不辜负这大好春光，远足乡野，蓄积阳春的能量，享受人间最美的春色。

清明时节的春姑娘，已经迈着姗姗的步子来了，北方的大地上，也渐渐泛出星星点点的绿色。小草从泥土中钻出来了，好奇地望着周围的一切。垂柳也抽出绿枝随风摆动。春风用那少女般温柔的手撒着芳香的花瓣儿，用那奔腾的热情吻着行人的鬓发。春光从天的尽头透射出来，热烈而炫目。春水也要把她一冬蕴藏的精神与力量发挥出来，她奔腾着，她呼叫着，让人们的血液沸腾，活力满满。满街杨柳绿丝烟，最美不过四月天。

清明节，融自然节气与人文风俗为一体，充分体现了中华民族先祖们追求"天时地利人和"的和谐统一的思想。清明节，让我们回望了过去，认清了自己，也明了今后的

生活方向。在这样一个万物生长、孕育着希望、充满着期盼的大好时光里，我们既追念先人，也珍惜新生。追念先人的最好方式，就是要好好活着，好好生活，好好去珍爱身边的亲人、友人。还要与亲友一起，去赏花踏青，亲近自然，努力向上，让自己的思想灵魂变得更好；加好餐饭，让自己身心更强壮。享受生活带来的幸福与快乐，与春一同起舞，为收获饱满的金秋蓄上满满的能量。

（写作于 2021 年 4 月 2 日，修改于 2023 年 3 月 27 日）

清明即事

唐·孟浩然

帝里重清明，人心自愁思。

车声上路合，柳色东城翠。

花落草齐生，莺飞蝶双戏。

空堂坐相忆，酌茗聊代醉。

咏廿四气诗·清明三月节

唐·元稹

清明来向晚，山渌正光华。

杨柳先飞絮，梧桐续放花。

鴽声知化鼠，虹影指天涯。

已识风云意，宁愁雨谷赊。

清 明

唐·杜牧

清明时节雨纷纷，路上行人欲断魂。

借问酒家何处有，牧童遥指杏花村。

郊行即事

宋·程颢

芳原绿野恣行事，春入遥山碧四围。
兴逐乱红穿柳巷，困临流水坐苔矶。
莫辞盏酒十分劝，只恐风花一片飞。
况是清明好天气，不妨游衍莫忘归。

春　日

宋·朱熹

胜日寻芳泗水滨，无边光景一时新。
等闲识得东风面，万紫千红总是春。

谷雨

初候　萍始生
二候　鸣鸠拂其羽
三候　戴胜降于桑

谷雨：心怀敬畏和感恩

当惊蛰和清明两个节气，在早春"随风潜入夜，润物细无声"的季节里轻轻走过，当北方仍有股股寒流袭来，谷雨，携着灵性，带着暖情，翩然而至。谷雨，是春季的最后一个节气。"清明断雪，谷雨断霜"，谷雨节气的到来意味着寒潮天气基本结束，气温回升加快，雨量逐日增加，有时候雨后天空还会出现彩虹。

《群芳谱》中说："谷雨，谷得雨而生也。"雨生百谷，是为谷雨。这名字，来得多么美丽！谷雨时节，在南方柳絮飞落，杜鹃夜啼，樱桃红熟；在北方柳枝冒芽，榆叶梅开放，丁香花含苞。"春涨一篙添水面。芳草鹅儿，绿满微风岸。"这又为熬过漫长冬夜的人平添了一份美好的希望。

关于谷雨节气的来历，有多个传说，今天我就与大家分享其中的一个。

据《淮南子》记载，仓颉造字，是一件惊天动地的大事。开天辟地以后，人类经过了漫长的没有文字的日子，到黄帝时代，朝中出了个能人仓颉。他立志要使人间摆脱没有汉字的苦难，于是辞官外出，遍访九州，回到家乡，独自一个人住在沟里造字。造了三年，造出一斗油菜籽那么多的字。玉帝听到这件事，大受感动，决定重奖仓颉。奖啥呢？奖了个金人。

有一天晚上，仓颉正在酣睡，忽然听到有人喊他："仓颉，快来领奖。"仓颉迷迷糊糊地睁开眼睛，却看见满屋子明光耀眼。他不知这是啥缘故，急忙坐起来四下里看。这一看不要紧，却看见地上立着个金人。他心里嘀咕了：这是咋搞的？哪儿来的这金人？莫非是在做梦？正想着，东邻西舍的公鸡呜呜啼叫，不一会儿天亮了，金人仍稳稳当当地立在地上。他想起梦中听见的喊声，明白了这金人是天上神仙给自己的奖品。又一想，自己只做了应该做的事，不配受这样的奖励，于是，他朝空三拜，算是对神灵的感

谢。第二天，他叫来全村的小伙子，连抬带推地把金人送到黄帝宫中。黄帝问起金人来，他只说偶然捡的，并说这是天下之物，理应为天下人共用，自己偶然捡得，不敢占为私有，特来进献。黄帝深知他的人格高尚，笑着接受了。可是，过了四五天，正当黄帝和群臣观赏金人时，突然飞来一道霞光，金人不见了。黄帝心里非常难受，却弄不清金人哪儿去了，于是便派人去给仓颉报讯。

却说仓颉又正在酣睡，梦中又听到有人喊："仓颉，玉帝奖给你的金人你不要，你想要啥？"仓颉在梦中说："我想要五谷丰登，让天下的老百姓都有饭吃。"那人又说："好，我去报告玉帝让他把金人收回去，给你送些谷子。"听到这儿，仓颉醒来了，一看窗外，只见满天繁星，知道是在做梦，也就没有多想，又呼呼地入睡了。

第二天，天气晴朗，万里无云。仓颉正要出门，却见满天里向下落谷粒儿。那谷粒儿下得比雨点还密，足足下了半个时辰，地上积了一尺多厚才停住。仓颉既奇怪又高兴，急忙跑出去，只见那谷粒儿铺遍了整个村子，铺满了山川平地。乡亲们也十分惊异，人人都向家里收谷子。

这时，仓颉忽然想起梦中的情景，知道是玉帝对自己的奖励，便急忙去到黄帝那里禀报。他走到半路，碰见了黄帝派来的人，互相说清了情况，又一块儿去见黄帝。黄帝听了仓颉的一番汇报，也深感仓颉的功劳是应该大力表彰的。于是，他把下谷子雨的这一天作为一个节日，叫作谷雨节，命令天下的人每年到了这一天都要欢歌狂舞，感谢上天。从此，谷雨节便一直延续下来了。每年谷雨节，陕西仓颉庙都要举行传统庙会，人们扭秧歌、跑竹马、耍社火……表达人们对仓圣的崇敬和怀念。

在众多的传说中，我最喜欢这一个，它告诉我，身处尘世，要心怀敬畏，心怀感恩。

是啊，无论什么年龄，无论什么情况，都要有一颗敬畏之心——敬畏天地，敬畏生命。敬畏天地：敬畏它的浩瀚，它的包容，它的威严，更敬畏它春夏秋冬持之以恒的坚持不懈与无穷耐力。敬畏生命：敬畏生命的坚韧顽强，心中有信仰，行事有章法。顺境中不欣喜若狂，逆境中也不黯然神伤；一切顺其自然，静待水到渠成，恭候瓜熟蒂落。至于盛开还是枯萎，那自不必挂怀。

心中有爱的人，才会心怀感恩。感恩是对于天地的给予常怀感激而喜乐接纳。充满感恩之心的人，一定不会有烦恼，不会患得患失。人生中给我们生命的人要感恩，给我们机会的人也要感恩，给我们快乐的人应当感恩，给我们帮助的人更要感恩。有了教训，要感恩；明了前行的方向，还要感恩。充满感恩的社会，懂得感恩的个人，才会敬畏天地，珍惜生命，敬重别人，敬畏公德。

雨生百谷，告诉我这样的处世之道。

（写作于 2021 年 4 月 17 日）

咏廿四气诗·谷雨三月中

唐·元稹

谷雨春光晓，山川黛色青。
叶间鸣戴胜，泽水长浮萍。
暖屋生蚕蚁，喧风引麦葶。
鸣鸠徒拂羽，信矣不堪听。

春中途中寄南巴崔使君

唐·周朴

旅人游汲汲，春气又融融。
农事蛙声里，归程草色中。
独惭出谷雨，未变暖天风。
子玉和予去，应怜恨不穷。

阳羡杂咏十九首·茗坡

唐·陆希声

二月山家谷雨天，半坡芳茗露华鲜。
春醒酒病兼消渴，惜取新芽旋摘煎。

谢中上人寄茶

唐·齐己

春山谷雨前，并手摘芳烟。
绿嫩难盈笼，清和易晚天。
且招邻院客，试煮落花泉。
地远劳相寄，无来又隔年。

蝶恋花

宋·范成大

春涨一篙添水面。芳草鹅儿，绿满微风岸。画舫夷犹湾百转，横塘塔近依前远。

江国多寒农事晚。村北村南，谷雨才耕遍。秀麦连冈桑叶贱，看看尝面收新茧。

立夏

初候 蝼蝈鸣
二候 蚯蚓出
三候 王瓜生

立夏：冰城处处丁香花

立夏到，夏日长。立夏是二十四节气中的第七个节气，也是夏季的第一个节气。立夏到来，表示温暖的春季已经结束，炎热的夏季即将开始。"四时天气促相催，一夜熏风带暑来。"

在古代，人们非常重视立夏的礼俗。立夏之时，古代帝王要率领文武百官到京城南郊去迎夏，举行迎夏仪式。这一天，君臣一律穿朱红色的礼服，配朱红色的玉佩，就连马匹、车旗都要朱红色的，以表达对丰收的祈求和美好的愿望。

立夏之时，我的家乡冰城哈尔滨，那些妊紫嫣红的杏花、桃花、梨花、海棠花、榆叶梅渐次凋零，而香气四溢的丁香花渐次盛开。

一夜清风来，万树丁香开。花朵如米小，煞是惹人怜。当春风尚未完全驱走北方的冰寒，丁香就作为春天的信使，站立枝头，报与哈尔滨最美丽的时日即将到来。立夏有了丁香花开，哈尔滨就变得芳香四溢，美不胜收！你看，大街小巷，到处可见的是那一团团淡白如雪、浅粉如霞、深紫如黛的绒团。轻风掠过，扑鼻而来的是那缕缕的幽香。尤其是傍晚时分，漫步松花江畔，望着"半江瑟瑟半江红"的浪花，细嗅"纵放繁枝散诞春"的花朵，那真是惬意呀！这美妙的画面给从寒冬里走过来的冰城人以无限的温暖。

丁香是美丽的，哈尔滨是美丽的，忽然觉得真是天地留奇缘呢！丁香作为哈尔滨的市花，到底是她把哈尔滨装点得如梦似幻呢，还是美丽的哈尔滨让她开得如此有底气，如此绰约呢？记得我的一位同事老大哥，曾经写过一首蕴藉的《丁香女儿行》："一蕊一萼，吐诉百结真情韵；一团一簇，早知情客誉不假。"美丽的哈尔滨，美丽的丁香花，美丽的丁香花，美丽的哈尔滨，谁离得开谁呢？谁又舍得离开谁呢！

可是我不知道，为什么古代文人把丁香写得过于凄凉呢？无论是南唐李璟的"青鸟不传云外信，丁香空结雨中愁"，还是清代王国维"醒后楼台，与梦俱明灭。西窗白，

纷纷凉月，一院丁香雪"，甚至于民国诗人戴望舒的《雨巷》中的丁香，也是"结着愁怨的姑娘"。总觉得他们写到

的丁香，过于忧郁，过于感伤。设想在丁香花开的时节，他们来到哈尔滨，定然会发现，真正的丁香原来这么美，他们一定能一改笔下的丁香情，因为哈尔滨的丁香一脸的阳光，哈尔滨的姑娘热情向上！

阳光向上的丁香的品格，不正是哈尔滨精神的写照吗！它"聚小朵而成大气，抗艰难而争上游"，坚韧顽强，美丽向上，生机勃勃，这，正是哈尔滨人特有的精神，也因此丁香花备受哈尔滨人深深的喜爱与眷恋。

立夏时节，丁香花开，细嗅花香，流连忘返。来吧，朋友！来和我一同欣赏丁香花，来和我一起欣享美丽的哈尔滨！

（写作于 2019 年 5 月 1 日，修改于 2021 年 4 月 26 日）

咏廿四气诗·立夏四月节

唐·元稹

欲知春与夏，仲吕启朱明。
蚯蚓谁教出，王菰自合生。
帘蚕呈茧样，林鸟哺雏声。
渐觉云峰好，徐徐带雨行。

立 夏

宋·陆游

赤帜插城扉，东君整驾归。
泥新巢燕闹，花尽蜜蜂稀。
槐柳阴初密，帘栊暑尚微。
日斜汤沐罢，熟练试单衣。

立 夏

宋·薛澄

渐觉风光燠，徐看树色稠。
蚕新教织绮，貂敝岂辞裘。
酷有烟波好，将图荷芰游。
田间读书处，新笋万竿抽。

立　夏

宋·赵友直

四时天气促相催，一夜熏风带暑来。
陇亩日长蒸翠麦，园林雨过熟黄梅。
莺啼春去愁千缕，蝶恋花残恨几回。
睡起南窗情思倦，闲看槐荫满亭台。

山中立夏即事

明·蔡汝楠

一樽开首夏，独对落花飞。
幽僻还闻鸟，清和未换衣。
绿帏槐影合，香饭药苗肥。
尽日柴关启，蚕家过客稀。

小

满

初候　苦菜秀
二候　靡草死
三候　麦秋至

小满：真好

　　五月的天气还没有完全热起来，就已经到了夏季的第二个节气——小满。时至小满，就意味着夏熟作物的籽粒开始灌浆饱满，但还未成熟，只是小满，还未大满。小满虽是反映农时农事的一个节令，但在我的心里，小满不仅仅是一个节气，它一定有着不一样的内涵在里面。

还记得我在任教初期，教学生背诵二十四节气歌："春雨惊春清谷天，夏满芒夏暑相连，秋处露秋寒霜降，冬雪雪冬小大寒。"突然一位学生问道："老师，怎么没有大满的节气呀？你看，节气歌中的'小''大'是紧紧相连的呀，小暑大暑，小雪大雪，小寒大寒，为什么小满后面不是大满呢？"是啊，这个问题我似乎想过又似乎没有想过，为什么没有大满呢？我觉得自己也说不清楚，于是连忙带着这位学生去办公室请教我的老师。

我的老师是一位非常儒雅的语文教师，在我的印象中，他饱读诗书，无所不知。他告诉我们，二十四节气是我们的祖先立下，用来指导农事活动的。古人讲究做事要"中庸"，也就是不偏不倚，反映在节气上就是小满即可，不能大满，"满招损，谦得益"呀。老师的这些话在我的心里留下了深深的印象，也一定会烙印在那位爱思考的学生的脑海中。

今天想来，无论工作还是生活，又何尝不是如此呢？人的心里可以收集满满的阳光，但不可以有满满的欲望。给心灵腾出一方空间，追求小满就会心灵富足，游刃有余。如若贪心不足，一味求大满，则往往事与愿违，得不偿失。

真正的小满，是年少时有心向善求上进的父母，是读书时有既教书又教做人的老师，是工作后有秉公持正又鼓励进取的领导，是成家了有情意绵绵共渡同船的爱人，是为人父母后有乐学善良六"商"均可的儿女。

真正的小满是在节假日中好友发来的一份真诚的祝福，

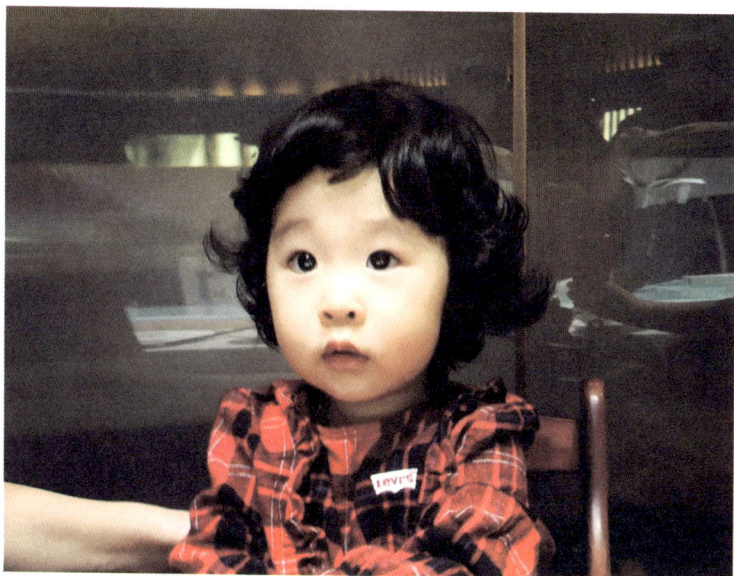

是在享受天伦之乐时，孙女的一声萌萌的、让我心花怒放的"奶奶"的叫声，是在平淡的时日推送出读者喜欢的诵读，是在日常不经意间帮助了他人的言行。

风风雨雨几十年，才发现原来小满的生活是那样美好。能时刻感觉到小满的存在，连缀在一起就会让快乐加身，自觉幸福。无数的小满又让我对生活充满期许，永葆步步向前的动力。

小满的日子，真好！

（写作于 2019 年 5 月 12 日，修改于 2022 年 5 月 17 日）

延伸阅读

咏廿四气诗·小满四月中

唐·元稹

小满气全时，如何靡草衰。
田家私黍稷，方伯问蚕丝。
杏麦修镰钐，錋欋竖棘篱。
向来看苦菜，独秀也何为？

十九弟生日

宋·项安世

西堂旧作春池梦，南国今逢小满天。
重四巧排黄阁印，百分宜泛紫金船。
夜闻素月初生涯，晓看丹枝已属贤。
万种春红都敛避，一庭槐日翠阴圆。

晨　征

宋·巩丰

静观群动亦劳哉，岂独吾为旅食催。
鸡唱未圆天已晓，蛙鸣初散雨还来。
清和入序殊无暑，小满先时政有雷。
酒贱茶饶新而熟，不妨乘兴且徘徊。

小　满

元·元淮

子规声里雨如烟，润逼红绡透客毡。
映水黄梅多半老，邻家蚕熟麦秋天。

四　月

明·文彭

我爱江南小满天，鲥鱼初上带冰鲜。
一声戴胜蚕眠后，插遍新秧绿满田。

芒种

初候　螳螂生
二候　鵙始鸣
三候　反舌无声

芒种：忙种

芒种节气到了，夏季播种与收获的时日开始了。

《月令七十二候集解》中说："五月节，谓之芒之种谷可稼种矣。"意思是说，农历五月，大麦、小麦、水稻等有芒作物的种子已经成熟，抢收十分急迫。这个记载让我这个在城市里长大的人，眼前出现一幅农田里热火朝天的景象：农人们在快速插秧，点点的嫩绿随风摆动，特别温柔，我仿佛能看到那每一株绿都有一串辛勤劳作的汗水。芒种，这正是一个顶着烈日，一边收获喜悦，一边播下希望的时节。

在这六月响晴的天里，我感受到四处流动的光芒。喜欢谐音联想的我禁不住慨叹起来：芒种也就是"忙"种啊！芒，是灿烂于阳光下的麦芒、稻芒；忙，则是浸润于麦芒、稻芒之下的汗水。芒，吸吮阳光，孕育着成长的希望；忙，全力拼搏，去实现人生的梦想。芒种对于我们每个人来说，就是深深地把光芒植根，为自己种下一颗理想的种子。他日这颗种子能够带着我们的希望，长成生命中的一棵常青藤。

　　不知为何，昨夜梦见了哈三中的校园，梦见了我走过三十年的长长的走廊。看着静悄悄的教室，我把目光扫过曾经丰腴的"田野"：阳光下一枚一枚的果实在多少个三百六十五天里渐渐成熟，他们手握一卷书，怀揣一腔情，用心播种，辛勤耕耘，芒种里风吹麦浪，充实而又底气十足。

　　是呀，又是一年高考季，又到了师生收获的时候，在教室里同样有着忙碌的身影。忙，那是不辞劳苦不改初心，奋蹄无需扬鞭的老师们，在努力，在播种，在挥汗如雨；忙，那是十年寒窗书卷墨澜，披星戴月勤播种，焚膏继晷苦读书的学子们，在扬帆，在出征，在厚积薄发！

　　多年的奋斗将在芒种时节结出果实，在这个写满希望的节气，同学们即将告别学校，辞别师长，离别朝夕相处的同学，满载梦想与未知，相会在高考的考场。考场，这一个人的战役是艰难的，但请同学们坚信，这一叶扁舟在风雨兼程的旅途中，有十二年课堂的知识储备在脑海，有坚强的信念稳定的心态在支撑，一定能平安抵达彼岸。

十年心不改，寒窗衣带宽。百转千回路，磨炼志更坚。历经十二年的辛勤努力、耕耘忙种，你不畏惧、不迟疑，精神抖擞，脚步铿锵，在收获知识、收获成长的同时，去继续收获人生路上最丰厚的果实吧。不畏艰难，因为有理想存在；永不放弃，因为懂得知识的价值。在一步步走向考场的同时，也就一点点迈向理想与未来。待到金榜题名时，灿烂的笑容是对自己最好的回馈。

在此祝福所有参加高考的学生，愿你们辛勤的耕种换来丰硕的收成，蟾宫折桂，梦想成真！

（写作于 2019 年 5 月 29 日）

北固晚眺

唐·窦常

水国芒种后，梅天风雨凉。
露蚕开晚簇，江燕绕危樯。
山趾北来固，潮头西去长。
年年此登眺，人事几销亡。

咏廿四气诗·芒种五月节

唐·元稹

芒种看今日，螳螂应节生。
彤云高下影，鹝鸟往来声。
渌沼莲花放，炎风暑雨情。
相逢问蚕麦，幸得称人情。

时　雨

宋·陆游

时雨及芒种，四野皆插秧。
家家麦饭美，处处菱歌长。
老我成惰农，永日付竹床。
衰发短不栉，爱此一雨凉。

庭木集奇声，架藤发幽香。

莺衣湿不去，劝我持一觞。

即今幸无事，际海皆农桑。

野老固不穷，击壤歌虞唐。

芒种后积雨骤冷三绝·其二

宋·范成大

梅黄时节怯衣单，五月江吴麦秀寒。

香篆吐云生暖热，从教窗外雨漫漫。

伊犁记事诗

清·洪亮吉

芒种才过雪不霁，伊犁河外草初肥。

生驹步步行难稳，恐有蛇从鼻观飞。

夏

至

初候　鹿角解
二候　蜩始鸣
三候　半夏生

夏至：繁花盛开，岁月淡然

夏至，是二十四节气的第十个节气。这一天，太阳达到全年最高的位置，也是太阳开始向北行的转折点，夏至过后，正午太阳高度逐日降低，之后它将开始走"回头路"。夏至节气，古人有庆祝丰收、祭祀祖先的礼俗，感谢天赐丰年，祈求消除灾疫、获得"秋报"。因此，夏至作为节日，也纳入了古代祭神礼典。

夏至，也是一个充满诗意的节气。盛夏时节，日光旺盛，万物酣长。此时的夜晚，银河横亘天空，时而星光灿烂，时而清辉淡雅，这就给仲夏之夜增添了无限迷幻的色彩，令人产生无限的遐想。著名作家峻青就写过一篇优美的散文《海滨仲夏夜》，描绘的是夏至前后海滨独有的景色和海滨沙岸上劳动者闲适、快乐的憩息场面。

夏至之时，冰城哈尔滨满树花开。你看，丁香花还没舍得离开，就跑来了浓艳的芍药、富贵的牡丹和芳香四溢的玫瑰，它们又与扑面而来的白色的风箱果、黄色的锦鸡儿、粉红色的绣线菊，一同装扮着美丽的哈尔滨。花开烂

75

漫，郁郁葱葱的枝叶间缀满了大片的花朵，其华灼灼。那斑斓耀眼的色彩，让我的心也染上了姹紫嫣红。我轻轻铺开纸笺，记录下这繁花盛开的夏至时光。

岁岁年年有夏至，年年岁岁人不同。品味着"夏至"名字的含义，我仿佛看到了自己的人生路。四年前的夏至，我结束了从事三十六年的教学工作，走上了回归家庭的路，当时心绪多有不适。但不久就自我宽慰起来：三十六年里，你已经经受了风雨的劲吹与洗礼，经历了阳光的恩赐与曝晒，走过了极致的白昼，走到人生的转角处当属自然。今又夏至，回想这四年的时光点点，也是收获多多。

其实，人生中有很多东西，往往都是这样。美好的青春，强健的体魄，拥有时能感受到的一切幸福和美好，行至人生的转角处时，不管你是否愿意接受，都要开始走

"回头路"。不论人生的高光时刻如何耀人,时至转角,也都会"幕帏垂落,丝竹声远"。此时,我们需要给自己一个淡淡的微笑。行过了人生的大半程,领略了过往的繁花盛开,也要接受花朵的凋零谢幕;走过了大江大河,也该走入下一段的流水潺潺。只有依循自然规律,看淡过往云烟,才能走好自己的"回头路"。

生活的美,不仅仅在于曾经的轰轰烈烈,还在于繁华过后的那一份宁静与淡然。山一程水一程,不负时光,静思流年,将曾经的繁花珍惜袖藏,把握好今生"回头路"启航的方向。"人生有味是清欢",知足常乐,恬淡安然,这是内心有境界的德行修为。不虚度时光,不忘记初心,笑待人生的转折,结识志趣相同的朋友,结交有爱高雅的团队，尊严在心，发挥余热，传递快乐，我们同样会感到幸福满满。再把左右手的"经验丛生"和"教训纵横"转告给"后浪"，让他们的人生路少些阴霾，多些坦途，这样，我们的快乐就又会持久，幸福就又会延长。

> 绿树浓阴夏日长，
> 花影斑驳入小窗。
> 今有微雨随风起，
> 点洒花树润泽香。

细数着自己四年来的这些收获，不觉中，心境愈加开朗。就着花香，折起纸笺，带着微笑，甜甜地进入梦乡……

（写作于 2022 年 6 月 16 日）

夏至避暑北池

唐·韦应物

昼晷已云极，宵漏自此长。

未及施政教，所忧变炎凉。

公门日多暇，是月农稍忙。

高居念田里，苦热安可当。

亭午息群物，独游爱方塘。

门闭阴寂寂，城高树苍苍。

绿筠尚含粉，圆荷始散芳。

于焉洒烦抱，可以对华觞。

夏至日衡阳郡斋书怀

唐·令狐楚

一来江城守，七见江月圆。

齿发将六十，乡关越三千。

褰帷罕游观，闭合多沉眠。

新节还复至，故交尽相捐。

何时班阊阖，上诉高高天。

咏廿四气诗·夏至五月中

唐·元稹

处处闻蝉响，须知五月中。
龙潜渌水坑，火助太阳宫。
过雨频飞电，行云屡带虹。
蕤宾移去后，二气各西东。

夏日三首·其一

宋·张耒

长夏村墟风日清，檐牙燕雀已生成。
蝶衣晒粉花枝舞，蛛网添丝屋角晴。
落落疏帘邀月影，嘈嘈虚枕纳溪声。
久斑两鬓如霜雪，直欲渔樵过此生。

夏　至

元·赵孟頫

夏至午之半，一阴已复生。
坚冰亦驯至，顾岂一朝成。
万物方茂悦，安知有凋零。
君子感其微，恸笑几失声。

小

暑

初候　温风至
二候　蟋蟀居壁
三候　鹰始击

小暑：感受幸福

小暑节气到了，但哈尔滨的天气依旧凉爽。如果说走近夏至还有一丝凉爽的话，那么进入小暑就会有温热的感觉了。小暑分为三候，一候温风至，二候蟋蟀居壁，三候鹰始击。意思是说小暑日后大地不再有一丝凉风，所有的风都带着热浪，气候开始转变。为避暑热，蟋蟀从田野转移至墙穴之中活动。老鹰因地面气温过高，从而在清凉的高空上活动。小暑的热浪也会随着时间的推移，裹挟着农历的六月。唐代诗人元稹写道："倏忽温风至，因循小暑来。竹喧先觉雨，山暗已闻雷。户牖深青霭，阶庭长绿苔。鹰鹯新习学，蟋蟀莫相催。"

走进小暑，在感受天气热情的同时，也感悟着我们的生活。小暑承载的炎热让我们经历着天变无常雨连绵的伏天，欣赏着彩虹架桥云通路的美景。小暑表现的物候和吐露的气象，与我们的生活息息相关。小暑里既有温热的暑气，也有雨后的清凉，时而微雨，时而阳光。

走进小暑，正是农人最盼望的。六月里早稻即将收割，

中稻已拔节进入孕期，单季晚稻正在分蘖。还有什么时节能够比小暑节气把早中晚三季水稻收入囊中而更令人欢欣的呢？

走进小暑，对于当年不在毕业班的教师而言，那也是最好的期盼。辛苦劳累了一个学期，进入暑假休整，可以睡到自然醒，然后在上午的时光中泡茶、品茗、读书、弹琴、朗诵，那种惬意，非教师无以体味。也可以放下工作的重担，回到家庭，与父母唠唠家常，与知心爱人走进影院，与孩子无忌地玩耍或交流学习的心得，尽情享受与家人共度的美好时光。还可以每天傍晚漫步松花江畔，看着

"半江瑟瑟半江红"的静静流淌的松花江水，伴着满世界开心快乐的舞蹈、健身、合唱、表演、蹴鞠、跑步等等，一起运动起来，那也是让整个心灵放松的幸福的时刻。若与三五个有相同爱好的朋友，组成小团队，一同随着悠扬的琴声，唱着歌曲，赏着江景，更是劳累了一天后最好的休整。如果有可能结伴旅游，在山水间领略大自然的美妙，就更能体会到生活的多姿多彩。有了一个短暂的休假期，然后重回课堂，在不断的勤勉中，与花季少年共度每一个难忘的高中时日。

小暑散发的热情面向所有人，而能够感受到小暑拥有的快乐，则是属于有心人。一份生活的激情，一种快乐的心境，虽然不是小暑的全部，但也在平淡而温热的日子的产生。心境淡然，和风细雨，炎热中的点滴小事也会成为

他日珍贵的记忆。能够使我们快乐的也许不是几个特殊的日子，而是经历着每一天的充实、阳光和一份淡然的心绪。尽情地享受平静中流逝的生活，让走过半程的人生在温热的天气里，寻一处清凉，得一份心静。眼中有美景，心中自有幸福。

祝福我所有的亲友平安健康，知足常乐。幸福无声，幸福永相伴。

（写于 2019 年 7 月 5 日，修改于 2022 年 7 月 3 日）

端午三殿侍宴应制探得鱼字

唐·张说

小暑夏弦应，徽音商管初。
愿赍长命缕，来续大恩余。
三殿褰珠箔，群官上玉除。
助阳尝麦彘，顺节进龟鱼。
甘露垂天酒，芝花捧御书。
合丹同蝘蜓，灰骨共蟾蜍。
今日伤蛇意，衔珠遂阙如。

夏日南亭怀辛大

唐·孟浩然

山光忽西落，池月渐东上。
散发乘夕凉，开轩卧闲敞。
荷风送香气，竹露滴清响。
欲取鸣琴弹，恨无知音赏。
感此怀故人，中宵劳梦想。

夏日对雨寄朱放拾遗

唐·武元衡

才非谷永传，无意谒王侯。

小暑金将伏，微凉麦正秋。

远山欹枕见，暮雨闭门愁。

更忆东林寺，诗家第一流。

咏廿四气诗·小暑六月节

唐·元稹

倏忽温风至，因循小暑来。

竹喧先觉雨，山暗已闻雷。

户牖深青霭，阶庭长绿苔。

鹰鹯新习学，蟋蟀莫相催。

喜 夏

金·庞铸

小暑不足畏，深居如退藏。

青奴初荐枕，黄奶亦升堂。

鸟语竹阴密，雨声荷叶香。

晚窗无一事，步屧到西厢。

大暑

初候　腐草为萤
二候　土润溽暑
三候　大雨时行

大暑：赏荷，纳凉

时光飞逝，仿佛一转身的工夫，二十四个节气就过到了第十二个节气——大暑。大暑有三候，一候腐草为萤，二候土润溽暑，三候大雨时行。这是说萤火虫在枯草上产卵，到了大暑时，萤火虫卵化而出，所以古人认为萤火虫是腐草变成的。此时的天气开始变得闷热，土地也很潮湿，时常有大的雷雨会出现。俗话说"小暑不算热，大暑三伏天"。大暑，是一年当中最为炎热的时节，就连冰城哈尔滨，此时也是炎热到了极点。这么热的天气里，该怎样纳凉避暑呢？我想最好的方式，就是去赏荷。

提到赏荷，自然想到周敦颐《爱莲说》中的经典名句："予独爱莲之出淤泥而不染，濯清涟而不妖。"但最让我记得的，还是高中语文课本上朱自清先生的《荷塘月色》。先生对于夜晚所见的月下荷塘和塘上月色的描写，真是到了极致。我喜欢这篇散文，在讲课时也努力用声音去诠释先生在淡淡的哀愁中难得的淡淡的喜悦之情。多年以后，有的学生回忆说："我爱学语文，是从听大梅朗读课文《荷塘月色》开始的。"

　　在我的公众号推出"高中课文诵读系列"时，我选读了《荷塘月色》。推出后，有几位学生留言，其中嘉嘉同学留言道：

　　　　那时的我们穿着没有什么美感的蓝白色松垮的校服，不怎么整齐地坐在台下，大梅在讲台上缓缓踱步，读的是《荷塘月色》。

　　　　她真的很喜欢这篇散文，尤其是那句"叶子出水很高，像亭亭的舞女的裙"。每次学到课文里有描写景色的比喻句时，这句话总是要拿出来提一提的。

　　　　大梅腰背直挺，语调高低错落，好似信步荷

塘沉溺于美景的正是她本人，完全不受我们这些外界顽石的影响。

可是如此美文，读来读去也只有这句"但热闹是他们的，我什么也没有"，比较符合我这个年龄的中二少女。

恍恍惚惚，那些良辰美景，那些绮丽诗词，我好像听进去了，也好像没有。我好像看见了，也好像没有。

直到耳机里传来最后一句"轻轻地推门进去，什么声息也没有，妻已睡熟好久了"，我关门的动作停住了，虚掩的门内是熟睡的孩子。

原来十二年，也就这么长。

这位高中毕业十二年，生活工作美满幸福的嘉嘉，居然对当年课堂的景象与感受，记忆得如此深刻。

赏荷，最好还是走近荷塘。一日，与几位好友相约，我们来到了哈尔滨大剧院附近的湿地，欣赏着满池的夏荷。那荷塘绿叶田田，红粉朵朵，荷塘四周，围满了纳凉消暑的人。

荷塘里，肥大的荷叶，绿汪汪一片，托举着亭亭玉立的荷花，微风浮动，荷叶摇摆，发出或轻柔或激荡的声响，宛如一首动听的小夜曲。塘上，不时有江鸥掠过，发出清脆的鸣叫。这满池的荷花，叶子高低错落，花朵亭亭玉立，极富空间造型感。盛开的，宁静而安详；含苞的，娇羞似

欲语。"接天莲叶无穷碧，映日荷花别样红。"我完全陶醉在这壮阔精彩的美景中，不由得又吟诵出"曲曲折折的荷塘上面，弥望的是田田的叶子，叶子出水很高，像亭亭的舞女的裙。层层的叶子中间，零星地点缀着些白花，有袅娜地开着的，有羞涩地打着朵儿的；正如一粒粒的明珠，又如碧天里的星星，又如刚出浴的美人"……暑热的天气里，在荷塘听鸟鸣，嗅花香，看美景，诵美文，自然寻得了清凉。

忽然又想起李商隐《赠荷花》中的几句："世间花叶不相伦，花入金盆叶作尘。惟有绿荷红菡萏，卷舒开合任天真。"荷叶、荷花与众不同，高洁脱俗，不媚于世，卓然自主。"任天真"的，既是荷花，也是人。以花性写人性，歌颂真诚而不虚伪的品格，因而，赏荷也是人的一种境界。人活得像荷，则是一种大境界、高境界。

我崇尚这样的境界，也努力让自己活得真诚不虚伪。生活总是以它真实的面孔，给人世间一页一页地翻动着日子，酸甜苦辣杂陈，喜怒哀乐交织，但只要我们用心去求真、寻善、尚美，人人都献出一点爱，就会带来心灵的安宁与平和，也会为他人带来一份快乐。即使是暑热的天气，也会自然寻到属于自己的那份清凉。正如白居易所说，"何以消烦暑，端居一院中。眼前无长物，窗下有清风。热散由心静，凉生为室空。此时身自保，难更与人同"。

我喜欢哈尔滨的暑天，喜欢夏荷的高洁与幽香，喜欢在宁静的黄昏时分，漫步江边纳凉。天虽热，心静自然凉；寻到了清凉，心又自然宁静了。

（写作于 2022 年 7 月 19 日）

消　暑

唐·白居易

何以消烦暑，端坐一院中。
眼前无长物，窗下有清风。
散热由心静，凉生为室空。
此时身自保，难更与人同。

咏廿四气诗·大暑六月中

唐·元稹

大暑三秋近，林钟九夏移。
桂轮开子夜，萤火照空时。
瓜果邀儒客，菰蒲长墨池。
绛纱浑卷上，经史待风吹。

六月十八日夜大暑

宋·司马光

老柳蜩螗噪，荒庭熠燿流。
人情正苦暑，物怎已惊秋。
月下濯寒水，风前梳白头。
如何夜半客，束带谒公侯。

大　暑

宋·曾几

赤日几时过，清风无处寻。
经书聊枕籍，瓜李漫浮沉。
兰若静复静，茅茨深又深。
炎蒸乃如许，那更惜分阴。

次韵子都兄大暑

宋·李洪

绕屋扶疏树，吾庐粗胜陶。
去来梁燕语，旦夕女婵号。
蕙槁兰将败，萧锄艾亦薅。
侵檐添绿竹，映日缀红桃。
得友人皆面，哦诗语未高。
饮泉荫松柏，直欲广风骚。

立秋

初候　凉风至
二候　白露降
三候　寒蝉鸣

立秋：安静而内敛

　　立秋，是二十四节气中的第十三个节气，更是秋天的第一个节气。"秋"字，在《月令七十二候集解》中，解释为"揫"，意思是"物于此而揫敛也"，也就是万物到了此时都转入到聚集和收敛的状态中。从这一天起，秋高气爽，月明风清。此后，气温由最热逐渐下降。立秋的物候特征是凉风至，白露降，寒蝉鸣。

　　虽是立秋，但秋天的气候还没有真正到来。初秋期间只是自然界中的阴阳之气开始转变，阳气逐渐退却，阴气逐渐产生，万物随阳气下沉而逐渐萧落。梧桐树开始落叶，"风吹一片叶，万物已惊秋"，因此有"一叶知秋"的成语。但天气仍然很热，还有"秋老虎"的余威。民谚有"热在三伏"，又有"秋后一伏"之说，就是这个道理。此时的庄稼开始成熟。

　　在季节的画笔下，大自然的颜色在立秋时开始变化，由单一的绿色，逐渐呈现出迷人的色彩。放眼望去，层林尽染，那是树木成长的颜色。俯首拾得，满地金黄，那是庄稼丰收的颜色。红枣、柚子、山楂、梨子、苹果，五颜六色，那是丰收的果实的颜色。花草绽放，秋高气爽，天空明朗，宁静透彻，生命最本原的色彩以最美的姿态展现在大地上。"落霞与孤鹜齐飞，秋水共长天一色"，白天晴空万里，入夜则银河璀璨，"晴空一鹤排云上，便引诗情到碧霄"。

这是一个最好的看风景的季节，也是一个最好的享受岁月长度的季节。我循着夏秋季节转换的时光脉络，在欣赏秋天美景的同时，去品味多姿多彩的生活。

立秋后，秋天安静温润、清冽雅致的气韵逐渐展开。片片飘落的叶子温柔地扑向大地，怀抱感恩，零落成泥，滋养来年的新芽，不喧嚣，也不颓丧，而是均匀和缓，轻柔洒脱地落下。颗颗饱满的果实谦虚地低下头，丰硕的果实又为明天花朵的灿烂而蕴蓄。大自然就是这样，将哲理深藏在秋的风景里，在饱满中，执着而勇敢，安静而内敛。夏季所有的热烈，都是为秋天的收敛做铺垫。收敛精华，固本归元，一切的能量和希望都归向饱满的果实，归向树根，为这一年的艰辛画上圆满的句号，为来年的生长做好充分的准备。花叶果实循环往复，生命才得以生生不息。

在这循环往

复的时光中，唯有懂得，落地生根。懂得时光如流水，岁月无情，稍纵即逝；懂得秋天的沉甸甸，是季节的收获，更是春日里努力、坚持、奋斗的人生的收获；懂得秋日的厚重让一日的时间变短，而让岁月的时间变长；懂得在秋天里，留下生命的痕迹，无憾地走向下一个轮回；懂得大自然的谆谆教诲，在时光的变化中，把握好生命的四季之美，让她在秋天里尽展风姿。唯有懂得，才会让我们的人生更臻于完美。

秋天已经来临，人生道路漫长。静下心来，"垂緌饮清露，流响出疏桐"。收敛贮存丰盈自身，心怀感恩懂得领悟，努力向上不负韶华，唯有这样，才能"居高声自远，非是藉秋风"，才能让生命更美的景象，等你在远方。

（写作于 2022 年 8 月 3 日）

咏廿四气诗·立秋七月节

唐·元稹

不期朱夏尽，凉吹暗迎秋。
天汉成桥鹊，星娥会玉楼。
寒声喧耳外，白露滴林头。
一叶惊心绪，如何得不愁。

早秋客舍

唐·杜牧

风吹一片叶，万物已惊秋。
独夜他乡泪，年年为客愁。
别离何处尽，摇落几时休。
不及磻溪叟，身闲长自由。

立秋后一日与朱舍人同直

唐·徐铉

一宿秋风未觉凉，数声宫漏日犹长。
林泉无计消残暑，虚向华池费稻粱。

立　秋

宋·刘翰

乳鸦啼散玉屏空，一枕新凉一扇风。
睡起秋声无觅处，满阶梧桐月明中。

宣府逢立秋

清·计东

秋气吾所爱，边城太早寒。
披裘三伏惯，拥被五更残。
风自长城落，天连大漠宽。
摩霄羡鹰隼，健翮尔飞搏。

处暑

初候　鹰乃祭鸟
二候　天地始肃
三候　禾乃登

处暑：赏秋

处暑是二十四节气中的第十四个节气。《月令七十二候集解》中记载："处，去也，暑气至此而止矣。""处"，在《辞海》中的解释是"止，隐退"的意思。处暑表示炎热的暑天结束，进入了气象意义上的秋天，这时，白天热，早晚凉，昼夜温差较大，不时有秋雨降临。"处暑无三日，新凉直万金。"处暑之后，秋意渐浓，此时也正是人们迎秋赏景的好时节。民谚有："处暑一到天转凉，桂花香，稻浪黄，果实累累满山庄，鱼儿满池塘。"

处暑，是一个承前启后的节气，也正值农作物的收成时节。处暑的名字既不像谷雨、白露那样灵动，又不如立夏、立秋那么鲜明，往往一不留神就过去了。但是，天地有大美，唯于处暑日。

偏巧，我与好友相约，在处暑前日，去迎秋赏景，去寻一个柔静如水的故事，故事的主角叫秋。她就像一位美丽的姑娘，看着她，还没有与她交谈，心里就被染得暖意融融。

　　走进杜尔伯特蒙古族自治县，我们来到了荷塘。此时的荷塘，已是"荷尽已无擎雨盖""留得残荷听雨声"了。当我有点感慨红藕香残时，一个女孩挎着一只竹篮走了过来，边走边吆喝。一阵香气袭来，我看到一篮子饱满的青绿又泛红的植物，虽没有见过，却断定这就是莲蓬。未及剥开就清香四溢，掂在手里，顿时一种节气的成熟感涌上心头。

　　踏上湿地木板栈桥，任剪剪的秋风拂乱发稍，柔软的苇草在苇塘中随风摆动，像是在轻轻地与我这个"会思想的苇草"打着招呼。一些不知名的小花，风雨过后姹紫嫣红，更显得娇美。几十只鸽子在广场啄食，人至不去，忽而又鸣叫着从我身边飞过，自由自在，轻盈灵巧至极。越

走向苇塘深处，荡漾的湖水越让我内心泛起涟漪。我站在桥上看风景，却被看风景的人摄入镜头。

走进草原，看膘肥体壮的奶牛，骑温顺漂亮的大马，追逐着永远也追不上的野鸭，凝望着在高空飞翔的江鸥，心儿早已飞到了遥远的地方。此时的我寻到了要寻找的故事，捡拾起童年的乐趣，忘记了自己的年龄，唱出了儿时欢乐的歌。

看着稻浪翻滚的庄稼，听着秋蝉啾啾咻咻的叫声，摘着满树收获的山果，吃着农家清淡的饭食，心里别提有多畅快了。

是啊，我们每天在城市的建筑森林中忙碌于工作和生活，真有必要安排闲暇离开闹市步入郊野，看花看鸟看夕阳，听风听雨听自然，赏秋景吹秋风，让心灵放飞，让身体自由。忘掉所有的烦恼，卸下生活的重担，在陶醉美秋的同时，感恩大自然给予我们的馈赠。而最好的感恩就是珍惜生命！

朋友，来吧！来和我一同感恩大自然，一同走进处暑秋天，走向下一个节气白露吧。

（写作于 2019 年 8 月 20 日，修改于 2022 年 8 月 18 日）

咏廿四气诗·处暑七月中

唐·元稹

向来鹰祭鸟，渐觉白藏深。
叶下空惊吹，天高不见心。
气收禾黍熟，风静草虫吟。
缓酌樽中酒，容调膝上琴。

处　暑

宋·吕本中

平时遇处暑，庭户有余凉。
乙纪走南国，炎天非故乡。
寥寥秋尚远，杳杳夜光长。
尚可留连否，年丰粳稻香。

七月二十四日山中已寒二十九日处暑

宋·张嵲

尘世未徂暑，山中今授衣。
露蝉声渐咽，秋日景初微。
四海犹多垒，余生久息机。
漂流空老大，万事与心违。

长江二首·其一

宋·苏洞

处暑无三日，新凉直万金。
白头更世事，青草印禅心。
放鹤婆娑舞，听蛩断续吟。
极知仁者寿，未必海之深。

白

露

初候　鸿雁来

二候　玄鸟归

三候　群鸟养羞

白露：诗意的节气

　　白露，是二十四节气中的第十五个节气，也是反映自然界寒气增长的重要节气。《月令七十二候集解》对白露的解释是："白露，八月节。秋属金，金色白，阴气渐重，露凝而白也。"寒生露凝，这是白露节气名字的由来。白露时节，草木于清晨已出现晶莹露珠。从这一天起，昼夜温差变化大，需要注意适时增减衣物。

　　这样诗意的记载描述，让我很喜欢白露这个节气，喜欢她姣好的名字，喜欢她满满的诗意，喜欢由她带来的旷远的天空。白露，多像一位邻家少女，亭亭玉立，婀娜妩媚，长发飘飘，长裙及地，美丽晶莹，温婉缱绻。单单是"白露"这个名字，就足以打动人，一声"白露"轻轻呼出，便唇齿生香，久久回味。

　　白露的到来，使清晨田间地头的蔬菜草叶之上，布满了晶莹剔透的露珠，露珠或平躺或欲滴的姿态，真是好看极了。可这么好听的名字，却因为"白露秋分夜，一夜凉一夜"，因为"自古逢秋悲寂寥"，就给人平添了几许的惆怅。

　　"白露"大概是最有诗意的一个节气了。"蒹葭苍苍，白露为霜，所谓伊人，在水一方"，《诗经》中那个宛在水中央的美丽倩影，一直在有情人的心中微生波澜。蒹葭、白露、秋水、伊人，既是一幅朦胧淡雅的水墨画，也是一首空灵缥缈的小夜曲。在爱情中白露化作青霜，沉着而感伤。秋意渐浓，秋水阻隔，有情人纵可相见，却不得牵手一生，着实令人叹惋。

　　"秋风何冽冽，白露为朝霜。柔条旦夕劲，绿叶日夜黄。""月明白露秋泪滴，石笋溪云肯寄书。""露从今夜白，月是故乡明。"这白露，这明月，这清风，代表了诗人们当时的心境。他们笔下的白露大多超凡脱俗又自带忧伤气质，总是无法摆脱一份悲凉与无奈。但我想，这大自然的白露

与挂于天幕的明月遥遥相望，好似在提醒着人们岁月在飞逝，只要以平常心态，去品尝属于白露的独特滋味，就会同刘禹锡一样，"自古逢秋悲寂寥，我言秋日胜春朝。晴空一鹤排云上，便引诗情到碧霄"。

白露时节，秋天还没有变得肃杀，反而是天高云淡，空气清凉，这正是清爽宜人的健身旅行的好时节。这个季节的阳光很足，但不燥热，清清爽爽照得人心生暖意，即使没有阳光的日子，秋风也善解人意，轻轻扑面，令人舒爽。只有秋天的风，才称得上一个"清"字，只有到了白露时节的夜晚，才能感受到那清澈如水的月色、那秋风裹挟而来的秋意。斜倚轩窗，绿荫清昼，半杯香茗，青烟缭绕，几竿翠竹，疏影斑驳，这独特的赏秋景象，在提醒着我：一年一度秋风劲，不似春光，胜似春光，辽阔江天万里霜。

这白露时节已不再是初秋时的清浅，也不是深秋时的萧瑟，而是秋季中最迷人的时节。果子熟透了，粮食丰收了，人也变得成熟了，一切的一切都在此时大有收获。人生一世，草木一秋，珍惜今天的所有，别再"为赋新词强说愁"了。远离消沉，回归自然，体验那份深邃的幽静，享受大自然赐予我们的福祉吧！"轻弹曲韵奏新章，白露横天听夜长。开尽芳菲秋水远，桂花落得满身香。"

（写作于 2020 年 9 月 5 日，修改于 2022 年 9 月 1 日）

蒹 葭

蒹葭苍苍，白露为霜。所谓伊人，在水一方。溯洄从之，道阻且长。溯游从之，宛在水中央。

蒹葭萋萋，白露未晞。所谓伊人，在水之湄。溯洄从之，道阻且跻。溯游从之，宛在水中坻。

蒹葭采采，白露未已。所谓伊人，在水之涘。溯洄从之，道阻且右。溯游从之，宛在水中沚。

杂 诗

魏晋·左思

秋风何冽冽，白露为朝霜。
柔条旦夕劲，绿叶日夜黄。
明月出云崖，皦皦流素光。
披轩临前庭，嗷嗷晨雁翔。
高志局四海，块然守空堂。
壮齿不恒居，岁暮常慨慷。

月夜忆舍弟

唐·杜甫

戍鼓断人行,边秋一雁声。

露从今夜白,月是故乡明。

有弟皆分散,无家问死生。

寄书长不达,况乃未休兵。

咏廿四气诗·白露八月节

唐·元稹

露沾蔬草白,天气转青高。

叶下和秋吹,惊看两鬓毛。

养羞因野鸟,为客讶蓬蒿。

火急收田种,晨昏莫辞劳。

五粒小松歌

唐·李贺

蛇子蛇孙鳞蜿蜿,新香几粒洪崖饭。

绿波浸叶满浓光,细束龙髯铰刀剪。

主人壁上铺州图,主人堂前多俗儒。

月明白露秋泪滴,石笋溪云肯寄书。

秋

分

初候　雷始收声
二候　蛰虫坯户
三候　水始涸

秋分：收获的时节

时光的脚步匆匆，四季的轮回又到了秋分时节，晨钟暮鼓沿着时间的更迭在不断变化，世间万物因着时间的流驶，衍生着自己的永恒。

秋分，二十四节气中排第十六，是秋天九十天的中分点，此时一天二十四小时昼夜均分，同春分日一样，秋分日阳光几乎直射赤道。此日以后阳光直射位置南移，北半球昼短夜长。"乾坤能静肃，寒暑喜均平""庭前丹桂香，篱外菊花黄。昼夜平分后，月光如水凉"，秋分就像一把剪刀，把秋天一分为二，剪掉了初秋的浅淡，迎来了深秋的绚烂。

关于秋分，这里先分享一个小常识：秋分曾是祭月节。古代有春祭日、秋祭月之说，现在的中秋节就是由传统的祭月节而来的。据史料记载，最初的祭月节是定在秋分这一天的。早在周朝，就有帝王春分祭日、夏至祭地、秋分祭月、冬至祭天的习俗，其祭祀的场所被称为日坛、地坛、月坛、天坛，分设在东南西北四个方向。不过由于这一天在农历八月里的日子每年不同，不一定都有圆月，而祭月无月则会大煞风景，所以后来就将祭月节由秋分调至中秋。

秋分是一个重要的节气，也是一个收获的节气，果实缀满枝头，稻子开镰收割。此时到郊外收一收秋分菜，摘一摘秋分果，也收获了一份生活的满足与幸福。

秋分时节没有了夏天的热烈灿烂、繁花锦绣，更多的是天高云淡、天朗气清，此时的天气，好似一个内心沉静温和的中年女子，不只是轻谙世事，而是渐渐走向了成熟安静，学会了从容淡定，懂得了生命的真谛，明了了生命的责任和美丽，修身养性，含蓄内敛，使自己的人生更加丰富而华美。这种成熟是庄稼地里的收获，是挂满枝头的果实，是根植在灵魂深处的丰盈，是经历了风雨后对人生的感悟。

　　走在路上，一片落叶进入我的视线，俯身捡拾，握在掌心，往事历历浮现眼前，那些沉甸甸的回忆，犹如一树红叶，有绚烂妖娆，也有凋零萧瑟。不管怎么说，对于今天的自己都不过是擦肩而去的流年罢了。

　　每到秋季，我都特别喜欢捡拾一枚枚秋叶，平平整整夹在书页中。很多本书里都有秋叶，许多的往事随着秋叶而忆起，或兴奋或感伤。那里有童年时随父亲登山的欢乐时光，有读书时与小伙伴游玩太阳岛时的小心事，有工作后一次曾走麦城的伤怀，有即将离开工作岗位时在偌大校园徘徊的留恋。不同的年份，不同的秋叶，一件件充满真情的往事，一张张亲切熟悉的面庞，构成了今天最美的回味。秋风阵阵，任自己的思绪飞扬，直到西边的天空已悬着明月。

秋分在悄悄地告诉我，岁月轮回，春华秋实，秋水长天，秋草落叶，一切都是那么美好，乐观向上的人都能感受到。欣赏她，领悟她，赞美她，最终走进这如画的风景之中，收获生命的许多美好和希望，以平和的心境面对未来，收获之后继续新的耕耘。

这秋，这秋叶，着实想握在掌心，再不分开了……

（写作于 2021 年 9 月 20 日，修改于 2022 年 9 月 18 日）

晚 晴

唐·杜甫

返照斜初彻，浮云薄未归。
江虹明远饮，峡雨落余飞。
凫雁终高去，熊罴觉自肥。
秋分客尚在，竹露夕微微。

夜喜贺兰三见访

唐·贾岛

漏钟仍夜浅，时节欲秋分。
泉聒栖松鹤，风除翳月云。
踏苔行引兴，枕石卧论文。
即此寻常静，来多只是君。

咏廿四气诗·秋分八月中

唐·元稹

琴弹南吕调，风色已高清。
云散飘飖影，雷收振怒声。
乾坤能静肃，寒暑喜均平。
忽见新来雁，人心敢不惊？

中秋对月

唐·李频

秋分一夜停，阴魄最晶荧。
好是生沧海，徐看历杳冥。
层空疑洗色，万怪想潜形。
他夕无相类，晨鸡不可听。

点绛唇

宋·谢逸

金气秋分，风清露冷秋期半。凉蟾光满，桂子飘香远。
素练宽衣，仙仗明飞观。霓裳乱，银桥人散，吹彻昭华管。

寒露

初候　鸿雁来宾

二候　雀入大水为蛤

三候　菊有黄华

寒露：秋天里一道最美的大餐

寒露，是二十四节气中的第十七个节气。进入寒露，气候渐渐寒冷，气温逐日下降，昼夜温差较大。二十四节气中有两个"露"，如果说"白露"节气标志着天气由炎热向凉爽过渡，那么"寒露"节气则标志着由凉爽向寒冷过渡。寒露也是秋季中最美的时节，正如王勃在《滕王阁序》中说到的："时维九月，序属三秋，潦水尽而寒潭清，烟光凝而暮山紫。"前人虽多有"自古逢秋悲寂寥"的感慨，但赞秋喜秋宠秋的也大有人在。人间最美是清秋，可以说，寒露时节的秋天，是一幅画，是一首歌，更是一道色香味形意俱佳的美味大餐。

秋之色。寒露时节的秋天，色彩绚烂夺目，令人陶醉与沉迷。绿叶转黄，枫叶变红，不用说进入山林，就是随便走在街路上，那五色斑斓的秋叶，就让你驻足玩赏不已。高远的蓝天下，翠绿的草地衬托出深深浅浅的五花树色，黄绿相间的有，绿中透红的有，目之所及，到处都是五彩缤纷。那些曾经遗忘了的美好，此时通通被想起来了，这多彩与动人的世界啊，第一眼看到就让人心醉了。

秋之香。秋风带着馨香四溢飘散，稻田金黄，那是丰收的稻花香。"细细香风淡淡烟，竞收桂子庆丰年"，那是桂花香。"九月寒露白，六关秋草黄。齐讴听处妙，鲁酒把来香"，那是米酒香。"西风响，蟹脚痒"，那是蟹卵满、黄膏肥的母蟹的香。苞米熟了，暗香鼻底；稻粱肥了，飘香四溢；草是香的，树是香的，甚至连泥土也是香的，好像能闻到的全是香，这是沁人心脾让人胃口大开的香。

秋之味。寒露前日，走在乡间小路上，仿佛在春潮的花海中徜徉，处处弥漫着香味，那才叫一个"浓"呢！那是流溢着的一年中辛苦劳作后丰收的味道，那是人们感恩

于高天厚土，感念着秋的情怀的味道。大自然对尘世间的万物慷慨赠予，人们的味蕾大开，迎接着美美的秋味。秋之味，让你尝过一口还想着下一口。

秋之形。自然得没法再形容，秋的明媚，秋的高洁，秋的丰硕，秋的清新，秋的饱满，不只是用眼睛看到，更是用心去感受的。层层叠叠的色彩，高远的天空和专属于秋天的云朵，不经意间就会看到那些让人心情开阔的秋日风景。盛放着的娇小的秋菊、格桑花，没有矫揉造作，是那样浑然天成，让人只一瞥，就觉得不能离开这美丽的餐桌了。

秋之意。与夏天相比，它显得更加深邃而凝练，给人以感怀的顿悟，给人以无限的遐想。天高云淡，云淡风轻；

秋风瑟瑟，秋歌满怀。春华秋实，秋的生命活力，让人懂得收获的意义。怎么样，这一丰盛的大餐，一定会让身处寒露时节的你，对秋有了更深的情感吧？

观其色，嗅其香，品其味，赏其形，悟其意，这种种美好是不是让你"心潮逐浪高"啊？那就在寒露这最美的秋天里，约上你的小伙伴，一同走进大自然，大快朵颐后，你也一起来分享你的美味体验吧！

（写作于 2021 年 10 月 5 日）

婕妤怨

唐·皇甫冉

由来咏团扇，今已值秋风。
事逐时皆往，恩无日再中。
早鸿闻上苑，寒露下深宫。
颜色年年谢，相如赋岂工。

鲁中送鲁使君归郑州

唐·韩翃

城中金络骑，出饯沈东阳。
九月寒露白，六关秋草黄。
齐讴听处妙，鲁酒把来香。
醉后著鞭去，梅山道路长。

月夜梧桐叶上见寒露

唐·戴察

萧疏桐叶上，月白露初团。
滴沥清光满，荧煌素彩寒。
风摇愁玉坠，枝动惜珠干。
气冷疑秋晚，声微觉夜阑。
凝空流欲遍，润物净宜看。
莫厌窥临倦，将晞聚更难。

咏廿四气诗·寒露九月节

唐·元稹

寒露惊秋晚，朝看菊渐黄。

千家风扫叶，万里雁随阳。

化蛤悲群鸟，收田畏早霜。

因知松柏志，冬夏色苍苍。

八月十九日试院梦冲卿

宋·王安石

空庭得秋长漫漫，寒露入暮愁衣单。

喧喧人语已成市，白日未到扶桑间。

永怀所好却成梦，玉色仿佛开心颜。

逆知后应不复隔，谈笑明月相与闲。

霜

降

初候　豺乃祭兽
二候　草木黄落
三候　蛰虫咸俯

霜降：天意寒，心意暖

霜降，是秋季的最后一个节气，霜降一到，秋天就接近了尾声。无边落木萧萧下，秋意也逐渐淡去。过了霜降，冬天就要来了。

《月令七十二候集解》关于霜降是这样说的："九月中，气肃而凝，露结为霜矣。"意思是说天气逐渐变冷，露水凝结成霜。霜降的三候是：一候豺乃祭兽；二候草木黄落；三候蛰虫咸俯。也就是说，豺狼开始捕获猎物，以杀兽来祭天；大地上的树叶枯黄掉落；蛰虫也全都在洞中不食不动，垂下头来，老老实实过冬天。

天气冷了，深秋向晚，寒气袭来。可是，我丝毫没有感觉到寒凉，反倒被浓浓的美景美情温暖着。

"远上寒山石径斜，白云生处有人家。停车坐爱枫林晚，霜叶红于二月花。"霜降日前夕，与弦歌地朗诵艺术团的伙伴们约好，一同去文化公园看枫叶。漫步在这座始建于1958年的公园，感受着这里优美的自然风光，古朴典雅的建筑，令人心生敬意。虽已时至深秋，仍绿草如茵，花

团锦簇。凉亭、座椅、摩天巨轮，以及游走的小火车，又构成了美妙的童话世界。而挺拔高大的树林又是那样的庄重、深沉和含蓄，极显公园作为建国初期我国首批文化公园的悠久历史。带着敬仰去观看，我发现每一片树叶都变得成熟而优雅。大片树林的秋叶层层叠叠，五色斑斓，好看极了。经过风霜后的红叶，迎来了多少人寻美留影啊。拾一枚枫叶放在掌心，感受着簌簌的诗意。

秋叶黄，枫叶红。在这寒霜清冷的秋冬之际，人最容易感悟到"一岁一荣枯"的含义。又是一抹秋色生命的升华，又是一季时节变迁的惊喜，又是一场婉约又强劲的最美的相遇。林间的小道上也铺满了落叶，使得每一步落脚，都像在与大地窃窃私语。"久雨乍晴花尽放，易寒成暖酒微醺。"见此景，不喝酒，也陶醉呀！

停留下来的那一刻，我突然觉得自己已经与大自然真正融为一体了，大片的树林中，我就是其中的一棵树，经风历雨，沐浴暖阳，继续成长。

"值君暖眼寒偏好"，是我太喜欢用暖眼看外物吗？不是，是我时时被暖意包围着！我拉着伙伴们的手，与大家一起细数着弦歌地朗诵艺术团五年来走过的历程：公益慰问，沙龙诗会，端午寄情，赏花采风，公园交流，登台演出，处暑赏秋，大型诗会，举办大赛，图书馆学习……而每一次做活动，群里就会有那么多的兄弟姐妹一起策划、分工、编排、出镜、录像、制作，每一个人又都在精益求精，无私奉献着，让每一次的活动，都在大家的留恋不舍中结束。

回想起这些，我真真感受到什么是精神世界的纯净与高雅，什么是精诚团结与大爱无疆。这些点滴细节的叠加，让我自己作为弦歌地朗诵艺术团大家庭的带头人而骄傲着、幸福着。这一切的一切，让忙碌中的我细细地品味着属于我的小确幸，感受着我自己的小宇宙时刻在被大宇宙恩泽着，唯有努力去感恩这美景美情，才能让美人美事更多地出现在我们生活的世界中。

想着想着，掌心里的枫叶发烫了……

（写作于 2022 年 10 月 15 日）

泊舟盱眙

唐·常建

泊舟淮水次，霜降夕流清。
夜久潮侵岸，天寒月近城。
平沙依雁宿，候馆听鸡鸣。
乡国云霄外，谁堪羁旅情。

岁　晚

唐·白居易

霜降水返壑，风落木归山。
冉冉岁将宴，物皆复本源。
何此南迁客，五年独未还。
命屯分已定，日久心弥安。
亦尝心与口，静念私自言。
去国固非乐，归乡未必欢。
何须自生苦，舍易求其难。

咏廿四气诗·霜降九月中

唐·元稹

风卷晴霜尽，空天万里霜。
野豺先祭月，仙菊遇重阳。

秋色悲疏木，鸿鸣忆故乡。

谁知一樽酒，能使百秋亡。

山 行

唐·杜牧

远上寒山石径斜，白云生处有人家。

停车坐爱枫林晚，霜叶红于二月花。

南乡子·重九涵辉楼呈徐君猷

宋·苏轼

霜降水痕收，浅碧鳞鳞露远洲。酒力渐消风力软，飕飕。破帽多情却恋头。

佳节若为酬，但把清樽断送秋。万事到头都是梦，休休。明日黄花蝶也愁。

立

冬

初候　水始冰
二候　地始冻
三候　雉入大水为蜃

立冬：想起冰城下雪了

立冬是一年中最后一个季节冬季的开始。立冬，意味着生气开始闭蓄，万物进入休养、收藏状态。立冬有三候：一候水始冰；二候地始冻；三候雉入大水为蜃。也就是说，立冬节气水已经能结成冰，土地也开始冻结，野鸡一类的大鸟便不多见了，而海边却可以看到外壳与野鸡的线条和颜色相似的大蛤。

在古代，立冬也是个颇为重要的节日，据民俗专家介绍，这一天皇帝会率领文武百官到京城的北郊设坛祭祀，而农人们则要祭祀地神祈求来年丰收。其礼节之盛，一如新年。立冬时，人们还会吃饺子，因为水饺外形似耳朵，俗话说：立冬不端饺子碗，冻掉耳朵没人管。

身处南方的我，自然感受不到今年立冬时节冰城哈尔滨的冷空气。那渐渐拉开的冬的大幕，那寒风冷雨，那掉光叶子的树、肆虐的北风、满地的积雪场景，在南方是看不到的，只能留存在记忆里。闲暇时，翻阅着记忆的碎片，出现的是2019年立冬的前日，冰城哈尔滨下雪了！

那场小雪，下得恰合时令，下得好不热闹！纷纷扬扬的霰雪漫天飘落，放眼望去，楼头街路都好似铺了一层白霜。走在水洗过的马路上，耳边有呼呼的风声，吸一口清洌的空气，顿觉五脏六腑洗得干净。天与地一派空旷，脚下的雪虽还不能发出咯吱咯吱的声音，却也着实令人心旷神怡。

那场小雪，引来了弦歌地诗人远方的情思。一首《哈尔滨的第一场雪》，落在了大美的"弦歌地"：

哈尔滨的第一场雪

远　方

哈尔滨，下雪了
下得，有些矜持
有些低调

不是大片的雪花
是雪霰的颗粒
打疼了
落尽叶子的树梢

这第一场雪
不会
千里冰封，万里雪飘
只能
白了屋瓦，白了街道
凉了你的面颊
我的睫毛

哈尔滨，下雪了
下得静静，下得悄悄
这是秋天
在向我们告别
也是冬天
在和我们拥抱

有人说
雪是雨的前身
可有谁知道
雪和雨是孪生的姐妹

151

即使融化
也是梦的在劫难逃

哈尔滨，下雪了
下得踏实，下得妖娆
如故乡寄来的消息
虚幻，缥缈
没有娘在的老屋啊
望上一眼
止不住，泪水滔滔

每年的第一场雪
我都会诗思如潮
不为那雪有多么美
只为她
是秋的涅槃
冬的燃烧

哈尔滨，下雪了
白了草坪，白了楼角
此刻的凭窗远望
似乎在等待
等待一场
爱与被爱的天涯遥遥

诗歌刚一落地，弦歌地的诵友立刻诵读并提议："努力用我们的声音，诠释远方老师此刻的心境。大家读起来吧!"晶莹的雪花伴着深情的诗章，在二十几位诵友的好声音伴奏下飞扬起来了! 远在南方的诵友，羡慕大家能够赏雪赏诗，也在深情地诵读。大家兴奋至极，伙伴们纷纷发上赏雪图片，我就连夜制作，推送出弦歌地的好作品、好声音。这诗作，这诵声，这美图，让我们玩到了极致。我突然想起了宋代杜耒的《寒夜》一诗："寒夜客来茶当酒，竹炉汤沸火初红。寻常一样窗前月，才有梅花便不同。"

冬天虽然寒冷，但弦歌地这能温暖心灵的大美之地，却让诵友们心意暖暖。这难道不是白居易的"绿蚁新醅酒，红泥小火炉。晚来天欲雪，能饮一杯无"的情景再现? 一场雪，一首诗，搅热了弦歌地，拨动了每一位诵友的热情心弦。

昨日霖雪飞满天，

丝丝寒意冷衣衫。

却有远方咏雪诗，

引得弦歌诵情燃。

那是一场送走深秋的雪，那是一场标志着哈尔滨冬天到来的雪，那场雪令弦歌地诗意浓浓、诵声朗朗。好一场

咏雪诵诗的盛宴！

  品味那场诗诵的盛宴，我得到了很好的启迪：每个人都向往着温暖，期盼着春的来临，如同每个心灵都渴望寻找一份温暖的所在。时至立冬，虽然没有鲜花，没有绿叶，但是它带给我的却是一种清爽，一种不一样的温暖。在寒冷的冬天里，心向暖，情向善，寻找并创造春天般的勃勃生机，生活就会永远充满朝气，永远都是阳光温暖的春天。

  立冬时日，我静静地收藏起弦歌地这份温暖，依稀嗅到了春的气息。

  （写作于 2019 年 11 月 8 日，修改于 2022 年 11 月 4 日）

咏廿四气诗·立冬十月节

唐·元稹

霜降向人寒，轻冰渌水漫。

蟾将纤影出，雁带几行残。

田种收藏了，衣裘制造看。

野鸡投水日，化蜃不将难。

今年立冬后菊方盛开小饮

宋·陆游

胡床移就菊花畦，饮具酸寒手自携。

野实似丹仍似漆，村醪如蜜复如齑。

传芳那解烹羊脚，破戒犹惭擘蟹脐。

一醉又驱黄犊出，冬晴正要饱耕犁。

立冬夜舟中作

宋·范成大

人逐年华老，寒随雨意增。

山头望樵火，水底见渔灯。

浪影生千叠，沙痕没几棱。

峨眉欲远观，须待到晨兴。

立 冬

宋·紫金霜

落水荷塘满眼枯，西风渐作北风呼。
黄杨倔强尤一色，白桦优柔以半疏。
门尽冷霜能醒骨，窗临残照好读书。
拟约三九吟梅雪，还借自家小火炉。

次韵古愚立冬日观菊

宋·沈说

闲绕篱头看菊花，深黄浅紫自窠窠。
清于檐卜香尤耐，韵比猗兰色更多。
九节番疑今日是，一樽未觉晚秋过。
从教白发须簪遍，且任当筵作笑歌。

小
雪

初候　虹藏不见
二候　天气上升，地气下降
三候　闭塞而成冬

小雪：你好

小雪节气到了。《月令七十二候集解》中说："小雪，十月中。雨下而为寒气所薄，故凝而为雪，小者未盛之辞。"《群芳谱》也说："小雪，气寒而将雪矣，地寒未甚而雪未大也。"从小雪开始，天气凉了，在北方，雪花开始光临，东北风也成了常客。

如果说立冬为冬季拉开了序幕，那么小雪就是冬天舞台上的第一支舞曲。晶莹的雪花漫天飞舞，时隐时现，飘忽而落，亲吻着大地，让清冷的天空有了意境，让干涸的大地有了滋润，让寒冷的冬日在肃穆中有了暖意。此时的雪，轻盈曼妙，宜画宜诗。

雪是雨的精灵。记得每年下雪后，我都特别喜欢缓缓地走在街头，吮吸着新鲜的空气。踏在雪地上，脚下发出咯吱咯吱的响声，那种感觉，真的爽极了。雪盖屋檐，那是玲珑剔透的童话世界；雪掩草坪，那是充满生机的希望在孕蓄。

小的时候，父亲教我背诵二十四节气歌，当背到"冬

雪雪冬小大寒"时，我总觉得其中的"小雪"这个名称，就是一个女孩，想象中的她，晶莹剔透，洁白无瑕。

后来，在我的工作中，还真的遇到一位名叫小雪的朋友，大大的眼睛，雪白的皮肤，轻柔细语，温婉可人，就像此时一样，最美的冬天在小雪。

身在南方，到了冬天，心心念念的就是数家乡下了几场小雪，看朋友圈大家发上多少赏雪图片，否则总觉得不过瘾，瑞雪兆丰年嘛！雪来了，一片片一层层，给大地铺满了祝福，温情、温馨、温暖。看到洁白的雪花图片，也就仿佛看到了我喜欢的久别的小雪。

小雪是纯色的，心地是透明的，二十多年的交往中，我见证了她用那颗无瑕的心创造的一个又一个传奇——她的学生，高考语文能得 142 分。还有，她两度获得文理双状元之师的美誉：2017年，她的学生，有两人高考分别获得文、理科省状元；2018年，她又有两名爱徒高考分别获得文、理科市状元！这样的传奇，全国能有几人？现在，她离开了原来的工作岗位，去了更为宽广的舞台，在新的舞台上，她带着更多的徒弟，创造着新的奇迹。

到了小雪节气，我就会想起小雪，想起她一声声"师父"的呼唤，想起她披星戴月忙碌的身影，想起她脸上始终带有的微笑，想起她轻声细语慢慢的交谈，想起她一语中的触及灵魂的心理疏导，想起她用心经营着温暖的语文大家，想起她不久前说起的"梦中师父批评我字写得不好"……想着想着，我突然想起了陆游的诗句：

闻道梅花坼晓风，
雪堆遍满四山中。
何方可化身千亿，
一树梅花一放翁。

我化用为：

闻道雪花悄绽放，
漫天飞舞漫天扬。
何时可化身百艺，
一片雪前一暗香。

人生难得是真情，遇见了梦想中的小雪，便是遇见了温暖，遇见了真诚。寒冷的天气虽来，但只要心中有牵挂，有温情，有美好的记忆，日子便温馨了。日子温馨了，心也更加温暖了。

小雪，你现在很好吧？

(写作于 2019 年 11 月 8 日，修改于 2022 年 11 月 4 日)

和萧郎中小雪日作

唐·徐铉

征西府里日西斜，独试新炉自煮茶。
篱菊尽来低覆水，塞鸿飞去远连霞。
寂寥小雪闲中过，斑驳轻霜鬓上加。
算得流年无奈处，莫将诗句祝苍华。

咏廿四气诗·小雪十月中

唐·元稹

莫怪虹无影，如今小雪时。
阴阳依上下，寒暑喜分离。
满月光天汉，长风响树枝。
横琴对渌醑，犹自敛愁眉。

小　雪

唐·李咸用

散漫阴风里，天涯不可收。
压松犹未得，扑石暂能留。
阁静萦吟思，途长拂旅愁。
崆峒山北面，早想玉成丘。

次韵张秘校喜雪·其三

宋·黄庭坚

满城楼观玉阑干，小雪晴时不共寒。
润到竹根肥腊笋，暖开蔬甲助春盘。
眼前多事观游少，胸次无忧酒量宽。
闻说压沙梨已动，会须鞭马蹋泥看。

小　雪

宋·释善珍

云暗初成霰点微，旋闻薂薂洒窗扉。
最愁南北犬惊吠，兼恐北风鸿退飞。
梦锦尚堪裁好句，鬓丝那可织寒衣。
拥炉睡思难撑拄，起唤梅花为解围。

大雪

初候　鹖鴠不鸣
二候　虎始交
三候　荔挺出

大雪：瑞雪兆丰年

　　大雪，是我国传统的二十四节气中的第二十一个节气，也是冬季的第三个节气，标志着仲冬时节正式开始。

　　《月令七十二候集解》中说："大雪，十一月节，至此而雪盛也。"大雪节气时天气更冷，降雪的可能性比小雪时更大了。大雪，积寒凛冽，以大雪命名节气，体现着古人对大雪的喜爱和尊重。

　　我也喜欢雪，可能因为我是在雪天出生的吧，我取网名为暗香如故。"梅须逊雪三分白，雪却输梅一段香。"我喜欢看慢慢地从天空中弥散开来的小雪，也喜欢看热烈地从天而降的大雪。如果说小雪只是略带含羞的小姑娘，那么大雪便是个成熟的女子，尽情展现着自己的魅力。雪的神情是那样的怡然，雪的形态是那样的传奇，雪的舞姿又是那样的优雅。这世界上最洁净的生命啊，能涤净人们心灵多少霾尘啊！

　　看到今年朋友圈出现哈尔滨的第一场大雪，我的心为之欢畅。这场雪，洋洋洒洒地来了，热热闹闹地来了，"开门枝鸟散，玉絮堕纷纷""忽如一夜春风来，千树万树梨花

开"。一场大雪，银装素裹，覆盖了整个大地，弥漫了整个城市，让东方小巴黎、天鹅项下的珍珠城，泛出梦幻的银白色光泽，成了一个诗意浓浓、晶莹剔透的童话世界。

今年雪后滚雪球、打雪仗、堆雪人的少了，而多的是人们缓缓踱步于街头，排着长队做核酸检测。但即使这样，也仍不能阻止人们爱雪、赏雪。趁着间隙，有人拍出了那银色世界中的阳明滩大桥，在耀眼的星光陪伴下，更显出迷人的景象；也有人悄悄溜到静静的松花江畔，拍出雪地上留下的几串脚印；还有一位摄影师为了留下美丽的冰城雪景，顶风冒雪卧倒在地，辛勤拍摄，而在他拍雪地美景时，他的身旁，一位长者又把这精美的瞬间拍下来与我分享。

我还看到人们拍出医护人员在寒冷的天气里，坐在帐

篷中为百姓认真做着核酸检测；拍出了清雪大军在连夜奋战，为核酸检测队伍，为出行的车辆，清扫出一条条洁净的街路……

这一幕幕让我更加感到了冰城的温暖，感到了温暖的哈尔滨众志成城，争取早日战胜病毒的力量！

是啊，雪是生命里最坚强的花朵，是花朵中最唯美的生命。雪的纯洁、坚韧，正是这冰城人善良、求美、勇敢的写照。经过考验的坚强美丽的冰城人，一定会重拾浪漫唯美的心境，以更加独特的镜头，让世界上的目光再次聚焦冰城哈尔滨！

我爱白雪，我爱雪景，我更爱冬天美丽的哈尔滨。冬天是心灵的年轮，大雪时节的冬天虽然十分寒冷，但是它有着无可比拟的温馨和希望。常言道"瑞雪兆丰年""今年麦盖三层被，来年枕着馒头睡"。待到积雪融化时，东北的黑土地又会增加水分含量，我仿佛看到了明年丰收的好时光。"年年最喜风雪时，放马长歌博一醉。"待到病毒不再肆虐，看到那绵绵白雪装饰的世界，琼枝玉叶，粉妆玉砌，一定会约上小伙伴，或静静地倚楼赏雪，聆听雪花坠落的声音，或热烈地边吃着红红的冰糖葫芦，边在雪地翻滚，享受这天地间最美的景色雅趣。那场景一定是热气腾腾，情意融融，"晚来天欲雪，能饮一杯无"？

在这大雪的日子里，祝福所有的人，心存温暖，健康平安……

（写作于 2021 年 12 月 1 日，修改于 2022 年 12 月 2 日）

咏廿四气诗·大雪十一月节
唐·元稹

积阴成大雪，看处乱霏霏。
玉管鸣寒夜，披书晓绛帷。
黄钟随气改，鶗鸟不鸣时。
何限苍生类，依依惜暮晖。

喜从弟雪中远至有作
唐·杜荀鹤

深山大雪懒开门，门径行踪自尔新。
无酒御寒虽寡况，有书供读且资身。
便均情爱同诸弟，莫更生疏似外人。
昼短夜长须强学，学成贫亦胜他贫。

大　雪
宋·鲁交

万象晓一色，皓然天地中。
楚山云母障，汉殿水精宫。
远近梅花信，高低柳絮风。
吟魂清不彻，和月上晴空。

大　雪

宋·陆游

大雪江南见未曾，今年方始是严凝。
巧穿帘罅如相觅，重压林梢欲不胜。
毡幄掷卢忘夜睡，金羁立马怯晨兴。
此生自笑功名晚，空想黄河彻底冰。

十一月朔大雪节早见雪

明·陶宗仪

狂风昨夜吼棱棱，寒压重衾若覆冰。
节气今朝逢大雪，清晨瓦上雪微凝。

冬

至

初候　蚯蚓结
二候　麋角解
三候　水泉动

冬至：暖阳

冬至节气到了。冬至一到，就意味着公历的旧年即将结束，新年会以崭新的姿态出现在人们面前。此时的季节已经走向冰点，朔风呼啸，寒气逼人，"数九隆冬"。

冬至被古人称为"亚岁""小年"，是冬季的大节日，在民间有"冬至大如年"的说法。冬至的重要程度并不亚于新年，因此要在这一天祭祀祖先，以示孝敬不忘本。

冬至是这一年中最长的黑夜，因此有许多的家庭会围坐在一起，用糯米粉做象征团圆的"冬至圆"，送走漫长至暗的黑夜，迎接渐行渐长的白昼，感受暖意融融的亲情。难怪行走于旅途中的诗人，会因孤身一人在驿站而思念炉火，思念亲人。白居易的《邯郸冬至夜思家》一诗是这样说的："邯郸驿里逢冬至，抱膝灯前影伴身。想得家中夜深坐，还应说着远行人。"

时至冬至，又深受病毒困扰，不能出游赏景，不能好友相聚，不觉也偶有孤寂之感。早上晨练，站立阳台，看一轮暖阳渐渐升起，顿时忆起往昔一件件让我感动的事情，不由得也心生暖意，分享融融往事，驱走病毒带来的阴翳。

那是 2019 年冬至前日旅途中路过京城，九三届的毕业生得知后，就在群里发召集令，利用一天的时间，安排了一场师生相聚，带我逛完了颐和园，来到了酒店。一进餐厅，我惊呆了：电视屏幕上打上了字幕"暗香如故，师恩似海，因为有您，心存感激"；再回头，餐桌台、小餐巾全都印上了这些字。这设计，这布局，太让我感动了。同学们纷纷到来后，师生畅叙友情。看到当年的学生，现在人人都已成为本行业的栋梁抑或是专家的时候，我的幸福之感油然而生。席间，同学们离开了座席，共同朗诵了一位同学的诗作《老师，我们想对您说》，让聚会温度再次升高。我更加激动，幸福的泪水夺眶而出。做教师的（我只是一名科任老师），还能有超过这种幸福的吗？当年的我，教学还不够成熟，虽也认真，虽也肯付出，又怎能与学生

们当年的包容、今日的用心相比呢！

　　身在南方，今年又巧遇黑龙江电视台《周游天下》栏目组举办的"枫彩年华"艺术大赛，这让我心有徘徊。弦歌地，这样一支活力四射、满满能量的群体，要不要参与这项活动？会不会因为我的缺失而带来影响？当我心神难安时，我们的指导教师达威老师一言定夺，并亲自带领大家出阵。从确定参赛事宜，到精心彩排训练，无不倾注了弦歌地组委会老师们以及达威老师、远方老师的心血。群友们也纷纷发来信息："要参赛，我们一定努力做到最好。""你在南方陪我们一起寻找青春吧！""我们是最牛群主、最牛群员……"秒秒钟感受到弦歌地的温情，我心中的感动不能用言语表达。经过大家的不懈努力，预选赛毫无悬念地顺利通过。看着大家发来的照片，我为有弦歌地这一支令人骄傲的队伍而自豪，自豪之情化为一股动力、一份深情——凝神聚力，在所不惜！

回想这些挚爱、真诚，一泓暖意的清泉涌上心头，荡去冷寂，消融冰寒。这是一种情意，是真挚的情意演绎的人间暖阳。在这轮暖阳的照耀下，无论是冬至的寒冷还是身处他乡的孤寂，都将被一一驱散。想到这，我心暖暖。就这样，守着暖阳过冬，让贮存心底的暖意洋溢开来，也遥遥地温暖着寒地的亲友，企盼着病毒的阴霾早日散去，让暖阳唤醒另一个季节的温馨与祥和！

突然想起古人冬至有过的习俗：在院墙上画上一枝素梅，上有八十一个瓣，名为"九九消寒图"。每天用红色涂抹一瓣，等温暖的红色消去画面上梅瓣的冷意，便出九了。于是我找来纸张，也画出一枝素梅来盼"出九"。七九河开，八九雁来，九九艳阳天。等到出了九，温暖的阳光会带着我回家与亲友团聚了！

（写作于 2019 年 12 月 20 日，修改于 2022 年 12 月 15 日）

邯郸冬至夜思家

唐·白居易

邯郸驿里逢冬至，抱膝灯前影伴身。
想得家中夜深坐，还应说着远行人。

咏廿四气诗·冬至十一月中

唐·元稹

二气俱生处，周家正立年。
岁星瞻北极，舜日照南天。
拜庆朝金殿，欢娱列绮筵。
万邦歌有道，谁敢动征边。

毗陵郡斋冬至晴

宋·杨万里

竹屋消残半瓦霜，水河冻裂一渔航。
不须宫线量曦影，化日今年特地长。

冬　至

宋·朱淑真

黄钟应律好风催，阴伏阳升淑气回。

葵影便移长至日，梅花先趁小寒开。

八神表日占和岁，六管飞葭动细灰。

已有岸旁迎腊柳，参差又欲领春来。

水调歌头

元·白朴

冬至，同行台王子勉中丞、韩君美侍御、霍清夫治书登周处读书台，过古鹿苑寺。

疏云黯雾树，秋潦净寒潭。徘徊子隐台下，不见旧书龛。鹿苑空余萧寺，蟒穴谁传郗氏，聊此问瞿昙。千古得欺罔，一笑莫穷探。

俯秦淮，山倒影，浴层岚。六朝城郭如故，江北到江南。三十六陂春水，二十四桥明月，好景入清谈。未醉更呼酒，欲去且停骖。

小
寒

初候　雁北乡
二候　鹊始巢
三候　雉雊

小寒：新年花始信

　　小寒，是二十四节气中的第二十三个节气，也是公历新年里的第一个节气。一见到小寒的"小"字，人们往往会出于情感的偏爱，总觉得小寒有些许的轻灵和调皮，似乎就忘记了，此时的天气，寒气凛冽，大雪纷飞，是全年里最冷的。《月令七十二候集解》中说："小寒，十二月节。月初寒尚小，故云。月半则大矣。"农历 2022 年的小寒，正是"月半"，所以至冷无比。

　　这么冷的节气里，该怎么生活呢？早在南北朝时期，我们的祖先就做好了设计，让我们在寒冷的冬季还能感受到生活的诗意。农历中，从小寒到谷雨，共八个节气，每个节气又分为三候，祖先们基于长时间的认知和把握，根据每一候，也就是每五天中，有一种花绽蕾开放的现象，将其取名为"花信风"。八个节气共有二十四候，这就形成了"二十四番花信风"。经过二十四番花信风之后，以立夏为起点的夏季便来临了。

　　小寒节气之内共有三种花信，第一花信是梅花，第二

花信是山茶，第三花信是水仙。

梅花，自古就是诗人们赞咏不衰的题材，人们或描摹梅的风姿，或探求梅的神韵，或吟颂梅的品质，借物抒情，以梅喻人，梅花开放，一树芬芳。"众芳摇落独暄妍，占尽风情向小园。疏影横斜水清浅，暗香浮动月黄昏。""零落成泥碾作尘，只有香如故。""墙角数枝梅，凌寒独自开。""俏也不争春，只把春来报。待到山花烂漫时，她在丛中笑。"梅花，也是我的最爱，因为父母给我取名就带一"梅"字，我取网名为"暗香如故"。在冰天雪地的季节中，在椰风海韵的南国里，读着这些梅花诗，品着梅花的习性，同样能感受到香盈袖，醉其中。崇尚梅花的坚贞与刚毅，一生如是。

山茶花，在中原地带很难觅见，在云南则常见。她艳若桃花而不妖，大如牡丹而生辉，观赏后让人心旷神怡，

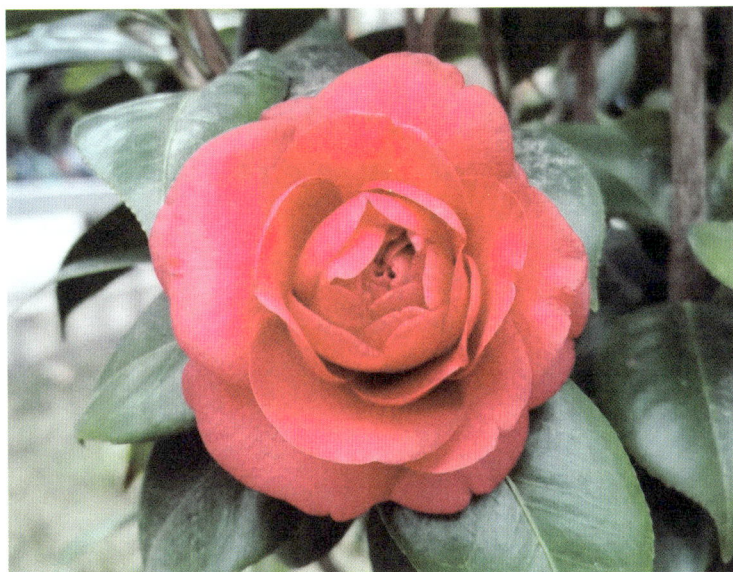

古往今来为世人所喜爱，为文人墨客所倾倒，也被许多诗词歌赋赞颂。"岭南春早不见雪，腊月街头听卖花。海外人家除夕近，满城微雨湿山茶。"现代散文大师杨朔先生的《茶花赋》中，也曾用"春深似海"来形容茶花的浓烈壮观。从古今文人的诗文中，可以知道山茶花绰约的风姿。

至于水仙，倒不陌生。我不擅长养花，却曾在家中养过一盘根茎像蒜头一样的水仙花。"花似金杯荐玉盘，炯然光照一庭寒。世间复有云梯子，献与嫦娥月里看。"水仙花根纤叶翠，花枝高雅，柔弱的外表下，蕴含着顽强的生命力。仅凭一盘清水，就能换来春意盎然；在小寒时节，百花凋零时，水仙花却叶花俱全，超凡脱俗。

"花信风"，我特别喜欢这个词，喜欢这一"信"字。

风有信，如期而来；花有信，迎风绽放。生活就是在这一轮轮周而复始的循环中，不停歇地前行着。

小寒后，花信风出现，万物开始渐渐苏醒。化用英国诗人雪莱的诗句：花信风来了，春天还会远吗？

（写作于 2021 年 1 月 3 日，修改于 2022 年 12 月 30 日）

附：二十四番花信风

小寒：梅花、山茶、水仙

大寒：瑞香、兰花、山矾

立春：迎春、樱桃、望春

雨水：菜花、杏花、李花

惊蛰：桃花、棣棠、蔷薇

春分：海棠、梨花、木兰

清明：桐花、麦花、柳花

谷雨：牡丹、荼蘼、楝花

咏廿四气诗·小寒十二月节

唐·元稹

小寒连大吕，欢鹊垒新巢。
拾食寻河曲，衔紫绕树梢。
霜鹰近北首，雊雉隐丛茅。
莫怪严凝切，春冬正月交。

山园小梅·其一

宋·林逋

众芳摇落独暄妍，占尽风情向小园。
疏影横斜水清浅，暗香浮动月黄昏。
霜禽欲下先偷眼，粉蝶如知合断魂。
幸有微吟可相狎，不须檀板共金樽。

小园独酌

宋·陆游

横林摇落微弄丹，深院萧条作小寒。
秋气已高殊可喜，老怀多感自无欢。
鹿初离母斑犹浅，橘乍经霜味尚酸。
小酌一卮幽兴足，岂须落佩与颓冠？

小　寒

元·张昱

花外东风作小寒，轻红淡白满阑干。

春光不与人怜惜，留得清明伴牡丹。

念奴娇

清·姚华

用平声叶石林体，题松梅，丁卯小寒，值时宪，戊辰初月。

江山沉寂，正年光初转，又起潜龙。黯黯遥天云欲凝，烟阔涛定无风。忽奋苍髯，掀腾云海，鳞爪或西东。未升先见，待时身寄长松。

身边苔蚀花青，梅妆玉艳，透春色猩红。昼下灵旗仙仗肃，神物夭矫相从。世变沧尘，谷分寒暖，此事作天公。月明深夜，料应来鹤从容。

大寒

初候　鸡乳
二候　征鸟厉疾
三候　水泽腹坚

大寒：迎春

　　大寒节气到了。大寒，是全年二十四节气中的最后一个节气。"小寒大寒，冻成一团"，此时的天气延续了小寒时节的寒冷，也同时在向新的一年"立春"迈进。它是肩负着一年中承前启后重任的节气，也是一年里"运""气"循环变化的起点。寒冬之中已经孕育着生机，新的一年又将轮回开始，正所谓冬去春来。

　　随着大寒节气的到来，回暖的脚步也就越来越清晰。在经历了寒气的洗礼与磨砺之后，人们的精神、生活、心态也随着节气的变化由"收藏"走向"激发"，热情奔放地迎接春天。

　　大寒时节，人们也开始忙着扫尘去垢、除旧布新、准备年货、喜迎新春。这让我想起了鲁迅《祝福》中的第一句话："旧历的年底毕竟最像年底。"是啊，你看，大街上，商场里，火红的年货摆出来了，卖春联、卖鲜花的多起来了。人们也走出家门开始置办，盘算着年夜饭，高高兴兴准备过年，笑意写在每一个人的脸上，因为中国人最重要

的节日——春节，就要到了。

我也沿袭了母亲的习惯——"什么都可以过年，就是灰尘不能过年"，因此我也忙得不亦乐乎，屋里屋外，从上到下，打扫得干干净净，力求一尘不染。对联贴起来，福字粘上来，大红灯笼高高挂起来……在忙年中，也让自己活力满满。看着自己辛苦劳动后打造的温馨小屋，也是心情大好，很有成就感。

忙完了除尘，也习惯于坐下来盘点一下自己一年来左右手的经验与教训，回顾过往，想想将来。年轮运转，一圈又一圈，昭示着生命里一段又一段岁月的消失，想想自己还有多少圈可转时，也不免会有淡淡的哀伤。渐行渐弱的生命，无法拉回愈走愈远的往日，那就依循生命的规律，放宽心怀，在热闹与欢笑中度日，在利己与利人中生活。忘记大寒时节的寒冷，寻找迎接春天到来的欢欣，用温暖挣脱心中的寒凉，用笑容宽慰心里的失落，用亲友的团聚消除心意上的孤独。

时间不停歇地继续前行，继续寻找温暖的脚步也不停歇。旧的一年即将过去，满怀着快乐与希望，望向来年。

天性乐观、喜欢温暖的我，无论有多大的风雨，都会一心向暖：喜欢唱温暖的歌，听温暖的故事，写温暖的文字，诵温暖的诗文，想温暖的往事……温暖的种种，让我感受到世间的美好，也蓄满新年里强身健体、做好公益的能量。

大寒到了，年就到了，春天也就快要来了，热闹与温暖也就要来了。大寒过后，下一个节气就是又一年的立春了，到了立春，就到了新年里真正的春季了……

（写作于 2020 年 1 月 20 日，修改于 2023 年 1 月 15 日）

咏廿四气诗·大寒十二月中

唐·元稹

腊酒自盈樽，金炉兽炭温。
大寒宜近火，无事莫开门。
冬与春交替，星周月讵存？
明朝换新律，梅柳待阳春。

大寒夜坐有感

宋·宋庠

河洛成冰候，关山欲雪天。
寒灯随远梦，残历卷流年。
杯共芳醪冻，簪依短发偏。
毫釐九牛畔，头角两蜗前。
冶外金休跃，山阿溜或穿。
飘人谁怨瓦，使鬼尚须钱。
招隐芝岩路，盟真玉笈篇。
何当坐清颍，间洗世中缘。

大寒吟

宋·邵雍

旧雪未及消，新雪又拥户。
阶前冻银床，檐头冰钟乳。

194

清日无光辉，烈风正号怒。
人口各有舌，言语不能吐。

岁寒知松柏

宋·黄庭坚

松柏天生独，青青贯四时。
心藏后凋节，岁有大寒知。
惨淡冰霜晚，轮囷涧壑姿。
或容蝼蚁穴，未见斧斤迟。
摇落千秋静，婆娑万籁悲。
郑公扶贞观，已不见封彝。

大　寒

宋·陆游

大寒雪未消，闭户不能出。
可怜切云冠，局此容膝室。
吾车适已悬，吾驭久罢叱。
拂尘取一编，相对辄终日。
亡羊戒多岐，学道当致一。
信能宗阙里，百氏端可黜。
为山傥勿休，会见高崒嵂。
颓龄虽已迫，孺子有美质。

图书在版编目（CIP）数据

物候之思，节令之美：特级教师讲读二十四节气／
李秀梅著. -- 北京：中国文史出版社，2024.2

ISBN 978-7-5205-4162-6

Ⅰ. ①物… Ⅱ. ①李… Ⅲ. ①二十四节气–普及读物
Ⅳ. ①P462-49

中国国家版本馆 CIP 数据核字（2023）第 126620 号

责任编辑：牟国煜　薛未未
内文插画：李秀春

出版发行：**中国文史出版社**

社　　址：北京市海淀区西八里庄路 69 号院　　邮编：100142
电　　话：010-81136606　81136602　81136603（发行部）
传　　真：010-81136655
印　　装：北京新华印刷有限公司
经　　销：全国新华书店
开　　本：880×1230　1/32
印　　张：6.5　　　　字数：122 千字
版　　次：2024 年 2 月第 1 版
印　　次：2024 年 2 月第 1 次印刷
定　　价：56.00 元